上海美食 80選

貴婦美食達人Peggy上海的華麗探險

美食達人‧「愛飯團」上海版主

Peggy／林佩蓁

上海的味道

　　一個城市，有一個城市的味道，我在這裡指的味道，並不是城市的建築和天際線，而是想起這個城市時，舌間和味覺之間連結的味道。

　　上海，有我想念的味道。

　　2008 年，我因為工作移居了上海一年，滿腔熱血的創了一本定位為二線城市女性雜誌的《優家》畫報，認識了一群媒體和菁英界的菁英，當然也吃了一些好餐廳，其中包括最火紅的本幫菜如老吉士、圓苑；最時髦的西班菜 el Willy 等等等等，但最有趣的，是我的同事們幫我帶回來的工作午餐。

　　「總編，你吃過老鴨粉絲嗎？」

　　冬天，一碗加了腸子又熱辣的老鴨粉絲，讓我一點也不想念臺灣的魯肉飯。

　　「要不要試試，這附近最好吃的排骨年糕？」一塊上海式的軟炸排骨，配的不是飯，而是煎得又軟又脆的橢圓型白寧波年糕，再淋上點醬汁……好吃得讓我一直想：「為什麼臺灣沒有賣這東西?!」同事們看我愛吃，每次都吃得津津有味，也開始帶家裡的東西來獻寶，上海爸爸做的炸春卷（一咬下去，裡面有韭黃肉絲的湯汁流出來）；東北媽媽的西紅柿水餃（原來番茄炒蛋還可以包水餃，真好吃）；天津同事家裡的肉包子（比起他媽媽親手剁餡的帶湯肉包子，狗不理包子真的沒有人要吃）。

　　小吃和同事家裡的味道，好像重新打開了我對探尋更多味道的好奇。所以，也開始一有空就呼朋引伴找飯有去吃不同的味道：東北的玉米餷餷配上燒驢肉，

上桌的時候，還有東北口音的服務生會在驢肉上插蠟燭邊唱歌上菜；四川的九宮格麻辣鍋，不辣不辣，但會麻得教我想到我上次在牙醫那裡被打麻藥的經驗；甚至是我自認為是「家鄉菜」的湖南味，一道酸豆角炒小雞胗卻是我從來沒吃過的味道，每次點都要多吞一碗又硬又香的缽缽飯。

上海是我的他鄉，也是這些廚師和餐廳經營者的他鄉，但是，在這些在他鄉用心複製的味道裡，我們都好像找到了在上海這個地方足以安身立命的安心感。

上海的味道，其實是許許多多異鄉遊子共同組成的，想念家的味道。

謝謝 Peggy 願意用二年多的時間，和愛飯團一起（很多文章都同步在愛飯團的網站和 FB 粉絲團上刊登），一步一步的找到這些上海的真滋味。我知道，對很多臺灣讀者來說，好像對上海餐廳的印象還停留在只有老吉士和新天地，甚至我們之前辦上海美食團時，還有人質疑：「上海有好餐廳嗎？」但這幾年上海餐廳的演化和進化的程度早超過我們的想像，除了中國各地的菜系百花齊放，西式菜色和講究健康養生的各類餐飲也儼然成風。

現在的上海味道，比起我記憶裡的更豐富，也更多滋味……我需要的只是這樣一本書，這樣一位貼心的老饕朋友，引領我，重新品味這現代的東方明珠。

愛飯團 美少女團長 **許心怡**

臺灣是故鄉 上海是我家

這本書差不多是我們一家三代移居上海的 25 年接力賽。

上海的美食之旅，緣起於 2010 年，我們一家三口決定從臺北搬往上海。那一年，已經在上海、蘇州、東莞工作了二十二年的父親正式退休回到臺北。

1988 v.s. 2015 的上海

1988 年單打獨鬥的先鋒部隊——買米要糧票、聚會要報備

1988 年，兩岸關係表面依舊壁壘分明；嗅覺靈敏的臺灣商人，早已預期法令即將鬆綁。那一年，第一批臺商先鋒隊約四十人，分別代表幾家大型企業派駐上海，為前進大陸市場預作勘查與籌備。單槍匹馬上陣的他們，清一色是男性。

我的父親，也是其中的一員。

境外人士當時依規定只能住在銀河、虹橋賓館、波特曼酒店等涉外賓館。吃飯、購物，必須以美金兌換外匯券。餐廳很少，一日三餐幾乎都在酒店解決。吃飯時，他們習慣向服務員要兩杯白開水，用來洗筷子和涮掉菜裡的油、鹽。

住久了，老爸突發奇想拿電湯匙和鋼杯自己煮飯、燙青菜。興匆匆上街買米，糧行夥計問：「你有糧票嗎？」連聽都沒聽過，哪來的「糧票」？正當他垂頭喪氣坐上計程車回酒店，和司機聊到這段無奈的遭遇，司機竟然掏出一張能換兩斤米的糧票送他。就這樣，來到上海一年，終於吃到了第一口自己煮的白米飯。想到在上海拚鬥的孤獨和遠在海峽對岸的家人，鐵漢也忍不住落淚了。

1994 年攜家帶眷的臺商移居風潮

往後的六年，老爸每年返臺探親兩趟，平時靠著寫信、打電話和家人聯繫。直到公司成立、工廠落成、營運也上了軌道，媽媽和當時剛從國中畢業的小弟也跟著搬到上海，成為第一代臺媽和最早的留學生，住在虹橋機場附近的新興社區，鄰居多半是從事各行各業的臺灣商人。逢年過節，臺商們便齊聚一堂，由老媽擔任總鋪師辦一場豐盛的臺灣宴席，吃林桑老婆的炒米粉、麻油雞、排骨酥、三杯中卷，至今還是老臺商們聚會時津津樂道的一段往事。讓我印象最深刻的是，一位經營婚紗業的知名攝影師吃了媽媽包的北部粽，當場落淚不能自己。

那幾年，為了探視家人，只要有假期我就往上海飛。停留時間或長或短，每當分離的時刻來臨，一家人總免不了淚灑虹橋機場。

2010 年外灘世界之窗 165 國的新移民

2010 年，老爸告老還鄉。開放二十年後的上海已是全然不同的樣貌，人稱「冒險家樂園」的申城，吸引來自全球 165 國的新上海人移居於此。當時我的先生 Mr. D 在會計師事務所擔任大陸稅務顧問，飛遍大陸大江南北也有八年的時間，因為一個難得的工作機會，我們決定搬到上海。帶著兩歲的女兒、三只皮箱，還有爸媽從家裡送來的全套碗盤、電鍋，展開了全新的移居生活。

從一開始的摸索，半年後，漸漸成為朋友圈裡的「上海包打聽」，大到找房租屋、教育找學校、小到推薦餐廳、找醫院、找阿姨。久了，在腦子裡建立了一個上海求生手冊的資料庫。加上作了二十年的公關廣告人，尋找最新、最有話題又好吃的餐廳，一直是我工作的一部分，好友──愛飯團美少女團長 Cindy 請我擔任上海版主，分享上海美食情報，讓我有了好理由號召各路人馬，和來自世界各國與大陸各地的朋友組成許多美食同好會，透過一場場的美食探險，深入的了解舌尖上的上海。

上海人愛吃，也懂吃，因此餐廳密度高居全中國第一！平均每公里就有 15 家餐廳，營業的餐廳總數已超過九萬五千家。假設每天外食一餐，每餐都吃不同的餐廳，需要兩百六十年才能吃遍一輪。

這本書精選了五年以來，吃過的一百多家餐廳裡，值得推薦的餐廳與店家。在美味的料理之外，我更重視食物的衛生與安全、具備特色與氣氛的環境。唯獨對於良好的服務，可遇不可求。除非對客戶服務有嚴格標準的鼎泰豐、海底撈和訓練有素的西餐廳，即便是最頂級的餐廳，也難免會碰到讓人當場翻桌、翻白眼的 NG 服務員。

對食物的感知是一種印記，無論空間、時間如何改變，從小味蕾熟悉的味道，成為一生看待美食、帶點偏見的主觀審美。食物彷彿一扇窗，移居上海至今五年多，我仍然像一個充滿好奇心的旅客，探索著這座城市的種種。在這本書中，我以美食旅遊的角度，用文字與圖片，細膩描繪料理的香氣與風味層次，訴說廚房

裡掌勺者、餐廳主人如何以人生經歷，來呈現美味料理的故事。希望你翻閱此書時，能被菜色之美、料理人之愛所包圍，而感到溫暖、幸福。

出場人物介紹

老爸
1960 年代臺灣電子業美男子 Albert，1988 年在政令鬆綁前領頭偷跑赴上海投資，在上海、蘇州、東莞經商二十餘年。

老媽
1970 年代知名花藝老師 Flower。1994 攜子移居上海成為最早期媽，經營服飾店、裝潢設計公司，業餘經常為臺商聚會辦桌。

大弟
溫柔花美男，大學畢業後赴上海中醫藥大學習醫，是最早期在大陸念醫科的學生。

小弟
酷似日本明星柏原崇的花美男，國中畢業被父母「騙」到上海唸高中，就讀當時最早的國際學校上海中學。

先生
Mr. D: 在臺灣時，任職最大的國際會計師事務所擔任大陸稅務顧問，五年前移居上海工作，目前經營稅務暨會計顧問管理公司。

女兒
Do-rei-mi 公主：很有個性的小女孩，兩歲搬到上海，幼稚園和小學都在國際學校就讀，好朋友來自世界各國，是個小小美食家。

PART 1
臺灣人也會愛上的本幫菜

PART 2
無辣不歡的大江南北美食

PART 3
上海最迷人的氣味老洋房的新味道

PART 4
世界級的最佳餐廳與米其林星級廚師的餐廳

PART 5
味蕾的萬國博覽會

PART 6

臺灣精神打造的精致品牌

PART 7

家有寶貝的選擇

PART 8

一個人的時候簡單卻不寂寞的美食

PART 1

臺灣人也會愛上的

本幫菜

進賢路 131

西 221 進賢路 E
W Jinxian Rd.

阿拉八家

進賢路是知名的
本幫菜一條街

這條街散發著濃
濃的市井味

林立的本幫菜館

本幫菜與真實的
上海生活

春

無菜單的本幫菜

春天午後的暖陽和微風，手牽著手輕拂著進賢路。街邊小販們一邊吆喝，一邊優閒在路旁升起爐灶，大鍋煮麵做飯。樓上的居民房，大媽大叔們正利落的曬衣晾被，空氣裡填滿了一種，上海人真實生活的味道，散發著濃濃的市井魅力。

　　這條街的市井味，還來自於兩旁林立的本幫菜館。短短幾百米的長度，「茂隆」、「蘭心」、「海金滋」、「阿拉人家」、「春」、「一家人」，一家家規模不大卻小有名氣的館子，各有擁護者，店外排隊的食客從來沒少過，川流不息的人潮都衝著「本幫菜一條街」地道的上海滋味而來。

　　這當中，我最喜歡的是「春」。

　　如果沒有熟人帶路，恐怕我也不會踏進來。向毫不起眼的小門看去，就四張簡單的桌子，鋪著粉紅色乾淨的桌布，連個招呼的服務員都看不見。好友熟門熟路的帶我們找好位子坐下時，老闆娘才剛從廚房裡走出來。

　　「春」，沒有菜單，沒有服務員，只見老闆娘一個人氣定神閒的招呼、點菜、端盤子、買單。留著一頭利落短髮、臉色紅潤的老闆娘，說起話來很直爽、幹練。就好像，把店名取叫「春」，也只是因為店是在春天裡開張這個單純的理由。

　　開業二十七個年頭，一直維持著無菜單的特色，連個黑板字也不寫。「為什麼不弄份菜單呢？」我好奇的問。她回說：「所有的菜都在我的腦子裡了，哪裡需要寫呢？」每天清晨七點，老闆娘親自上菜場，挑選新鮮水產、肉品和當季時

銀絲芥菜　　　　四喜烤麩

蔬，客人上門時再依據來客人數、喜好來推薦菜品。除了店裡經典的菜色，基本上什麼新鮮吃什麼。

　　點菜時，老闆娘會送上幾碟頭盤涼菜；因為早上現做，中午來吃一點都不「涼」。熟客們因為跟老闆娘的交情好，分量總是特別多，盤子大得跟熱菜一樣。熱熱的「烤麩」，咬下後甜鹹適中的湯汁就流出來了，比冷吃多了些鮮甜。

　　「銀絲芥菜」是上海年節常見的菜，雖然賣相樸素，用臺灣不常見的銀絲菜和香菇、木耳、筍絲、紅蘿蔔燜透後，以醬油、糖、醋調味，酸甜爽脆十分開胃。「豆瓣酥」看起來更是其貌不揚，一團綠泥擱在小碗裡頭，卻是道功夫菜，蠶豆去殼後燒到完全酥熟，搗碎調味，同行的朋友吃不慣這樣的口味，我就樂得消滅了一整碗。

　　透早在市場採辦回來的海鮮頗新鮮。「油爆蝦」雖然不若高檔本幫菜館會把觸鬚和腳整齊修剪，但個頭很大，肉質清甜肥美，炸得酥透香脆而不油膩，能連殼帶肉的咬碎吞下。「紅燒鯧魚」浸在濃郁的醬汁裡，纖維細緻，瞬間盤底朝天。

　　「毛蟹年糕」，一盤四隻對切的毛蟹，隻隻都帶著蟹黃，炸得香酥透，輕輕一咬就能咬出鮮甜的蟹肉，用的是比大拇指還粗的條狀年糕，ＱＱ的吸滿蟹味湯汁，同樣是真材實料的豪華享受。

　　春令當頭，江南一帶的春筍在泥中蟄伏了整個冬季，此刻正朝氣蓬勃的露出地面，也揭開了喝「醃篤鮮」的季節。「醃」指鹹肉和火腿，「篤」指「上海話的燉」，也有一說是爐火上的湯在慢熬過程中，發出「嘟嘟嘟」的聲響，「鮮」是鮮肉和春筍。湯汁在小火慢燉後形成奶白的色澤。

　　「春」的「醃篤鮮」裝在嫩綠色的砂鍋裡，冒著熱煙和香氣，滿滿的春筍、

百頁結、火腿、五花鹹肉，從第一碗到最後一碗都
有料，大塊頭的春筍，清脆多汁，百頁結吸飽了湯
汁的菁華，喝一口春季才有的鮮甜，上海人相信換
季期間就不容易生病了。還有一道「酒香草頭」，
老闆娘只挑最幼嫩的葉子，色澤翠綠、芽嫩爽脆，
加上撲鼻的酒香，是絕對不能錯過的春之味。

　　吃到一半，老闆娘幾次拍拍我的肩膀，豪氣十
足，問我：「好吃嗎？」提醒著菜價越來越貴，記
得把菜吃完，別浪費了。見我們對每道菜都讚不絕
口，平常酷酷的老闆娘特別答應和我們並肩拍照。
這麼有人情味的一家餐廳，就像鄰居大媽燒了幾十
年的本幫菜，打開自家的廚房，熱情的招待每輪四
桌的客人。話說回來，老闆娘對工作和生活都有堅
持。她下午得喝茶捏腳，希望客人訂位了就不遲
到，別點太多造成浪費等等。當然啦，有些人認為
開家店，老闆哪來這麼多規矩，我倒很欣賞老闆娘
自成一格的經營模式，介意的人請繞開喔。

功夫菜 豆瓣酥　油爆蝦

老闆娘為我們特製的紅燒肉年糕

推薦菜：

紅燒鯧魚
醬鴨
毛蟹年糕
醃篤鮮
烤麩
銀絲芥菜
酒香草頭

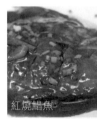

紅燒鯧魚　　醃篤鮮

♛
DATA

春

地址：進賢路 124 號（近茂名南路）

電話：6256-0301

營業時間：周一到周六上午 11：15 ～ 13：30；
　　　　　晚上 17：15 ～ 20：30

貼心提醒：店很熱門一定要訂位，假日、周末都不營業。
　　　　　千萬別遲到！如果時間不容易掌握，改次再預
　　　　　定，老闆娘對於遲到的客人會使出碎唸招數。

毛蟹年糕

297弄 1–13号
宛平　路

小白樺
私家料理
Restaurant

宛平路上的小白樺

小白樺

————⬦————

臺灣食客最愛的「Light 版本幫菜」

在上海，有一家藏在小弄堂裡的本幫菜，無論什麼時候去，經常都坐滿了臺灣人，吃飯時耳邊相伴的是熟悉的鄉音，總讓我感覺特別溫暖。這裡是小白樺，我形容它為「Light 版本幫菜」，因為菜色經過改良，廚師下手加油調醬的力度都減半，是臺灣客也吃得慣的口味。

轉進小區裡就能聽見大火炒菜的聲音

小白樺經常坐滿臺灣客

徐家匯一帶，大型購物商場港匯、美羅城、太平洋百貨雲集，鄰近的徐家匯公園是周邊難得的一畝小而巧的綠地，小白樺就開在兩條馬路之外的老住宅區裡。步行在宛平路上，一不小心就會錯過這塊綠底白字的招牌——「小白樺私家料裡」。

往小區裡一轉，就能聽見廚房裡傳來大火快炒、鏟子落在鐵鍋上的打擊旋律。這是在上海老房子才看得見的特殊格局，把廚房就大大方方的設置在屋子最前頭，今晚吃什麼，鄰里用聞的都能猜到，改建成餐廳，就成了中國式特有的 Open kitchen。

店雖小，大約十來張桌子，菜單裡包括冷菜、海鮮、肉類、精美小炒和點心，洋洋灑灑的將近十五頁。冷菜當中的「馬蘭頭拌香干」、「四喜烤麩」、「花油露雞」都是道地的做法。其中夏天裡我常點的是「脆皮黃瓜」，不僅醃製的酸爽入味，好吃的祕訣在於刀功，師傅將黃瓜切段後由外而內的滾成薄片，再捲回圓筒狀整齊排列，咬下時格外清脆有層次。

看老闆忙進忙出的招呼客人，我抓緊時間問了小白樺的菜比坊間本幫菜清淡的原因。

「我出身富裕的家庭，上海環境好的人家口味本來就不那麼濃油赤醬的。」

脆皮黃瓜

上海熏魚

蒜香蟶子

紅燒肉馬橋香乾

枯油露雞

推薦菜：

脆皮黃瓜
上海熏魚
蒜香蟶子
紅燒肉馬橋香乾
香菜炒鱔絲
毛蟹炒年糕
鹹蛋黃南瓜條

老闆相當自信的說。

　　就拿「炒鱔」來說，有別於傳統的本幫鱔糊做法，以大量醬油和糖燒出黑呼呼、油亮亮的色澤。小白樺的黃鱔，是搭配香菜梗、茭白筍絲快炒，清清爽爽的更顯出鱔絲的清甜。濃油赤醬的109辣妹 v.s 輕抹淡妝的秀麗佳人，我自己更偏愛後者。

　　海鮮類還有道「蒜香蟶子」。我在臺灣從沒看過的蟶子，海瓜子一樣是貝類扁長方型似剃刀，樣子有點像是穿著貝殼裝的皮老闆，東北一代還用「小人仙」很傳神的形容它。這道菜用避風塘蟹的手法，以酥炸的蒜末和蟶子拌炒，肥美多汁的蟶子肉，一咬就迸出濃濃蒜香，非常夠味。

　　店裡的熱門排行榜還有一道「毛蟹年糕」。十片切半的毛蟹，連殼帶爪、整整齊齊圍著盤緣繞了個圈，有點像儀隊舉著禮刀護送盤底下的珍饈——醬炒年糕。菜一上桌，人們會先夾起一塊蟹大口咬下，不像吃大閘蟹那樣斯文，經過酥炸的毛蟹裹著鹹中帶甜的醬，只要輕輕一咬殼便碎了，蟹肉和濃香的醬同時迸出鮮美的味道，吃起來輕鬆又過癮。

盤底的年糕，軟嫩香Ｑ，還飽飽的吸滿
了整道菜的菁華，經常是蟹還沒吃完，
年糕已經被一掃而空。

其他的推薦好菜還有「紅燒肉馬橋
香干」、「鹹蛋黃南瓜條」、「絲瓜炒
毛豆加麵筋」等等。看起來平凡無奇的
酥炸鹹蛋南瓜條，有著脆脆的口感和香
甜的味道，十分唰嘴常讓人一口接一口
掃光一大盤，不想吃太多油炸物的人，
千萬別點。

日前東京版主——米其林公主來
訪，兩位版主就在滿室的臺灣客相伴下
度過了美好的一夜。這裡經常有素顏的
港臺明星出沒，下次到這裡用餐，大明
星可能就坐在你身邊喔！

醃篤鮮

鹹蛋黃南瓜條

毛蟹炒年糕

香菜炒鱔絲

DATA

小白樺

地址：徐家匯區宛平路297弄3號（近肇嘉
　　　濱路）

電話：6472-1867

營業時間：中午11:30 ～ 14:00；
　　　　　晚上17:30 ～ 21:30

貼心提醒：中午用餐時間最好不要太晚，一
　　　　　到兩點鐘，工作人員都急著休息
　　　　　去，甚至還有服務員在旁邊看起
　　　　　連續劇、躺下小憩喔。

店還沒開張，購買青團的客人已排成長龍

王家沙點心店

上海好味道傳統江浙小點心

上海人愛吃也懂吃，無論是逢年過節或重要節氣，都少不了傳統小吃的相伴。除了三大節日大家熟悉的八寶飯、粽子和月餅之外，清明的時候家家戶戶要吃「青團」、立夏要有「酒釀」、重陽得買五顏六色的南瓜糕、赤豆糕、棗泥糕等等。

青團專賣小亭子共有三種口味

　　清明將至，這幾天上海飄起細雨紛紛，滬上人家在準備掃墓祭祖之餘，也不忘到人稱「點心狀元」的「王家沙點心店」買幾盒青團。

　　早上九點多，來到位於南京西路的總店，店門外頭已經排起長長的人龍，人群中有老夫妻、小姑娘、上班族，還有像我這樣來湊熱鬧的觀光客，很難得的近百人的隊伍井然有序的前行，過節嘛！即便要等，氣氛還是一片祥和。經過二十多分鐘的等待，終於踏進了玻璃門內，兩座小亭子堆滿了六個一盒裝的青團，共有「艾草汁細豆沙」、「馬蘭頭」、「薺菜鮮肉」三種口味，包裝的服務員接單、收錢、包裝的效率很高，我要了豆沙和薺菜各一盒。

　　走到堂吃的座位區想盡快嘗嘗這道排隊小吃。打開盒子得花點力氣，因為糯米磨製的青團很容易沾黏，所以抹了不少豬油。青團的樣子和臺灣常吃

鮮肉粽、鹼水豆沙粽

顏色繽紛的各式糕研

艾草青團

推薦菜：

過年—八寶飯
清明—薺菜鮮肉青團
端午—鮮肉粽、鹼水
　　　豆沙粽
中秋—鮮肉月餅
重陽—南瓜糕、赤豆
　　　糕等重陽糕
冬至—湯團
蟹殼黃、芹菜肉包

的草仔粿有些相似，半個掌心大小，形狀像勺子挖出來的抹茶冰淇淋，色澤是艾草萃取出來的碧綠，皮的部分薄薄的很滑嫩、軟Q，帶著春天才生長的艾草香。鹹味的餡料剁得細細的，薺菜特殊的香氣和豬肉融合出鮮美的滋味。甜味的豆沙磨時得很綿密，只是伴隨著豬油和鹼水味，不是我很適應的味道。

第一次走進王家沙，有一種進了點心大觀園的感覺，一樓以點心類別分隔出了幾個區塊，透過玻璃窗選購商品，也能觀賞師傅製作過程。

永遠擠滿人潮的大包區，櫃臺上有白胖的芹菜素包，下午兩點半後則有肉包，還有類似炸雙胞胎的雞蛋糖糕、水果蛋糕；再往裡頭的攤位上擺放著琳琅滿目的糕點，像是王家沙最知名的八寶飯、松糕、各種鹹甜粽、月餅、荷葉包的粉蒸肉、麻花和蝴蝶餅。王家沙素有「八寶飯大王」的美譽，雪白的糯米，清香微甜，糯而不黏，上面點綴著黑白雙色的葡萄乾、大棗、山楂、金桔、核桃、松子、瓜子，中間藏著細豆沙。蒸得熱騰騰的時候，我常忍不住就獨吞半個。

另外其他的幾個區塊還有專賣黑洋酥、蟹粉菜肉的「湯團區」；提供烤麩、走油蹄胖、紅燒鯽魚、面筋塞肉、馬蘭頭等本幫菜的「熟食區」；花樣繁多的「糕團區」，還有我最常光顧的「蟹殼黃」專賣店友聯食品，一字排開的蔥油、蘿蔔絲、白糖、

榨菜口味，都是表面香脆，底層油酥酥，內餡噴香
的唰嘴小餅。

除了外賣的點心，這裡從早晨七點起，一樓還
提供堂吃的湯面、小籠鍋貼，中午後二樓有特色小
吃、熱炒本幫菜，四樓則有宴席包廂。雖然今天因
為已經客滿沒能在這裡吃上一餐，在邊上參觀時看
見一大鍋一大鍋的熱菜，像是醬燒田螺、油豆腐鑲
肉，光用看的就覺得過癮。

在王家沙服務的大姊兒們，很多都在這老店工
作了很長的時間，儘管不是人人都笑容滿面，有些
還挺願意跟客人聊上幾句，當我迷失在成堆看起來
樣子都好吃的點心山前，她們也會很老實的推薦那
些真正老好的味道，教我別買其他的花花草草。

吃慣西式甜點的我，來到上海以後，因為王家
沙而認識了許多傳統的江浙小吃，也從舌尖體驗了
道地的上海味。

👑 *DATA*

王家沙點心店 （南京西路總店）

地址：南京西路 805（近石門一路）
電話：021-62530404、021-62170625
營業時間：一樓 07：00 ～ 20：30，
　　　　　二樓 11：00 ～ 20：30

老吉士

老饕共同推薦訪滬必吃本幫菜第一名

經常有人在臉書或微信留言：「我要到上海，只有一餐的時間，想試試道地本幫菜，妳推薦哪裡？」

「道地」二字，說來容易，夠資格評斷哪一路菜系夠不夠道地，得靠多少的時間與經驗去積累？

還好美食顯學當道，立刻網搜美食大師們的貼文，再發動朋友圈遍訪老上海的意見，得到了共同的答案──「老吉士」。料理道地不道地，無法言傳，唯有透過味蕾嘗試、記憶，想領略正宗上海菜的滋味，先嘗過「老吉士」，就猶如進入本幫菜殿堂的「Lesson One」。

老吉士的環境極為簡樸

「老吉士」雖有個「老」字，實際上創立於1995年，至今不過二十餘載，論資歷，和那些燒本幫菜飄香百年的老字號相比，算不上老。位在天平路上一幢不起眼的兩層樓老房子，裡頭既擁擠又簡樸，菜單皺皺破破的，藏青色的桌布配

醉雞

上塑膠碗盤，盛菜的碗盤還經常缺個角、裂條縫，服務也算不上周到。但這一切絲毫不影響食客的興致，天天一位難求。不只政商名流、食評家、媒體形容它為「到滬必吃餐廳」，中、港、臺巨星的經常出沒，也讓這裡成為上海最常登上娛樂版面的餐廳。

馬蘭頭卷

美食家蔡瀾曾在文章中提到：「到上海，我只吃『老吉士』、『小白樺』和『阿山飯店』這三家正宗的滬菜，其他新派和改良的，不用豬油，油不濃醬不赤，淡出鳥來，每次試過都媽媽聲，裝修再美，價錢再貴，打死我也不肯去了。」

據說老吉士這些年來做出口碑的祕訣就是「料好味美、平價實惠」，用最傳統的精神與手法來選擇食材、料理，保有本幫菜誕生之地──市井弄堂的氣味與靈魂。

傳統上海酒席菜得來上「八冷盤、八炒、八菜」，可見冷盤有多重要。老吉士的冷菜選擇多，烤麩、鹹雞、醉雞、醬鴨、馬蘭頭卷、雞汁百葉包樣樣好吃。

腐竹嗆蘑菇　　　葱烤鴉片魚頭

當中我最喜歡的一道涼菜是「腐竹嗆蘑菇」。腐竹就是腐皮，既厚又韌、豆香又濃，淋上乾辣椒、花椒嗆過的熱油，再拌入大量香菜，調和出由香菜氣味領頭，細緻的麻辣味接棒，那種又嫩又滑的口感，不分四季，一吃開胃。

老吉士的頭號名菜當屬「吉士紅燒肉」，選用肥瘦相間的五花肉，以蔥薑拌炒帶出香氣，澆入老抽（陳年醬油）、料酒、糖紅燒，滿滿一砂鍋，香甜鬆軟、入口即化。還可以加點「蛋」、「目魚」這些配料一起燒，切得頗有分量的墨魚非常入味多汁、嚼勁十足，住在海裡的墨魚與地上的豬肉燒成了水乳交融的和諧滋味。一顆顆紅燒肉蛋，帶著深褐色油得發亮，不切半、整的放在小碗裡，那一咬下滿口香氣，實在過癮。

需要預訂的大菜——「蔥烤鴉片魚頭」，鋪天蓋地在大竹網排滿了青蔥段，封住厚厚三片的深海魚頭，不但鎖住了魚肉的油脂，讓肉質新鮮滑嫩，還結合了微焦而濃郁的蔥香，尤其是骨頭邊上的肉，像果凍一樣富含膠質。用鴉片形容似乎頗貼切的，一試上癮令人驚豔，平常不愛啃魚頭的女士們，也開心的挑撿著、連啃帶吮的吃。只是這道菜，溫度很重要，可別顧著拍照，等魚頭涼了，就不夠香又嫌油膩了。

大魚大肉之後，每次必點的時蔬還有「蘆蒿炒干絲」，看似平凡無奇的炒素菜，可是南京的一道名菜，講究起來，一斤蘆蒿要去蕪存菁的捏掉八兩，只取最鮮嫩的部位入菜。新鮮的蘆蒿細細長長、色澤翠綠，口感爽脆，富有獨特的清香，和細切的豆干絲清炒，無需過多的調味，那鮮美的滋味，嘖嘖嘖，來個兩盤吧！

這裡的招牌湯是別處沒有的「河篤鮮」，湯裡有鯽魚、蟹、河蝦和蛤蜊，但我不愛河鮮，還是喜歡「醃篤鮮」多些，這道湯品的特色是除了鹹肉、火腿、鮮

肉之外，還加入時令菜來增鮮，冬季用冬筍、春天用春筍，在夏秋高溫時節還加入的萵筍，讓湯頭更清甜。其他的推薦菜還有炒過的上海菜飯、用梅乾菜一起爆出來的油爆蝦、薺菜冬筍。可惜每次都是陪著初訪上海的朋友來上本幫菜第一課，還沒有機會嘗試其他的大菜。

還記得愛飯團的團長 Cindy 剛搬到上海時，連自己家的地址都還記不得，就已經能把老吉士的地址倒背如流了，直到多年後的現在，她還能脫口背出。老吉士的菜和它獨有的上海老風情，的確具有讓人念念不忘的魔力。只是，它真的很難訂位，提前一兩周預約是基本的，還有，請必須很有耐心的等待訂位電話接通。

蘆蒿炒干絲

 推薦菜：

馬蘭頭卷
腐竹嗆蘑菇
蔥烤鴨片魚頭
吉士紅燒肉
蘆蒿炒干絲
醃篤鮮／河篤鮮

吉士紅燒肉

加入季節時蔬的醃篤鮮

DATA

老吉士上海菜

地址：徐匯區天平路 41 號／電話：6282-9260 ／營業時間：11：00 ～ 24：00

上海商城店
地址：靜安區南京西路 1376 號上海商城西峰 200A ／電話：62890091 ／營業時間：10：00 ～ 22：00

iapm 店
地址：徐匯區淮海中路 999 號環貿 iapm 商場 L3 ／電話：64229091 ／營業時間：10：00 ～ 22：00 ／貼心叮嚀：老吉士新開的 iapm、上海商城分店環境較為寬敞新穎，預約訂位也比較容易，想體驗道地風味與風情，辛苦一點到天平路老店。

小金處無招牌無菜單私廚

餐廳吃不到的家傳本幫私房菜

復興西路和淮海中路口，是我們進城必經之路。若不是朋友介紹，也很難發現這兒藏了一處，每天只為一桌客人料理的私廚。

我到的時候，天有點黑了，穿過弄堂口，走進樓裡，梯間的燈還沒開，住在一樓的鄰居大嬸恰好在燒飯，她很親切地舉著鏟說：「來吃飯的嗎？往三樓上去。」

這是我第一次踏進像這樣的老房子，最特
別的地方是廚房設在屋外的梯廊間。小金處的
主人——金先生和他的夫人小萍，正在忙著料
理。戴著金邊細框眼鏡的金先生是上海人，氣
質斯文，在攝影、印刷業工作了幾十年，和兩
岸的文化人交流頗多；小萍來自臺東，是個爽
朗的卑南族姑娘。金先生從小跟外婆習得一手
好廚藝，文藝圈裡那些愛吃客，經常都喜歡在
他家蹭飯，促使了小金處私廚的誕生。

穿過弄堂，順著小金先
生的指引，找到位於隱
密的私房菜

一室樸實無華的擺設，有張鋪著藍染印花布的大圓桌，牆上掛著的都是小金
的攝影作品。今晚和來到上海出差的美食家恩文哥、愛飯團的擬空姐版主以及美
少女團長的好姊妹們一起共進晚餐。

這一餐從枇杷花茶開場。吃過新鮮枇杷、喝過枇杷乾茶，以枇杷花入茶還是
第一次見到。它的茶香淡雅，入口甘甜，還能潤喉、潤肺。是每年十二月花開時，
女主人親自將花曬乾製成。

待我們這一屋子的美食攝影同好，都心滿意足拍好桌上的頭盤菜，小萍再開
始娓娓道來每一道菜食材的來源與料理的程序，彷彿是個美食布道家，充滿熱
情。菜，雖都是盤飾樸實無華的料理，但隨著四季變化、四處網羅嚴選食材、不
添加人工調料與細工慢烹的用心，無價。

時令的「香椿芽鹹鴨蛋拌豆腐」，用了市場每日現做的嫩豆腐，融合了鴨蛋
的鹹香與香椿的野菜味。薄切的山藥疊得像朵盛開的白花，淋上桂花滷。小小一
碟卻香氣四溢的桂花滷，是老闆娘找蘇州小農收購有機梅和香氣最足的金桂，以
宋朝的梅滷方法自製而成。「酒釀鹹青魚」是一周前預先用酒釀浸青魚，待完全
入味後蒸熟，淡淡的鹹甜交融，滋味美妙。「毛豆拌蘿蔔乾」，是從老醬園找來
的小蘿蔔，用甘草醃，爽脆而甘甜。

百香果的糖醋小排骨　　桂花滷涼拌山藥　　用蝦卵醬油燒出來的油燜筍

六道冷菜完食。小金處固定的第一道熱菜是「糖醋小排骨」，黑黑的、油亮亮的，和臺灣人印象中用番茄醬燒出來的色澤截然不同。是道費時費功的菜，精選肋排肉先醃再炸，後用冰糖、老抽、山西十年陳醋紅燒，醋得分兩次下，起鍋前再加入祕密食材──百香果，不只肉嫩汁甜，咬起來還有果香和脆脆的百香果籽。

這麼有滋有味的菜，得來上一大碗米飯才行。老闆娘打開了飯鍋，香噴噴的菜飯是外面餐廳吃不到的版本，加入臘肉、菊蒿、炒過的黃豆，從顏色到香氣都特殊。說到香氣，「清蒸臭豆腐」上桌了。看起來像一碗公的蒸蛋，是金先生老家裡特別的吃法，把臭豆腐仔細剁碎後加到蛋裡、灑上火腿、小蔥、香油清蒸。

今晚的河鮮有「酒釀炒蝦」，用老闆娘自製的酒釀，醃過鯖魚再用洋蔥翻炒，又鮮又甜。那天市場裡來了少見的「白鮰魚」，這種魚沒有鱗片滑溜溜的，因為稀有，一般人也不大懂得吃。它的膠質特多，肉質細緻，入口很有「咕溜」的口感，只是河魚還是有些土味，不屬於我的菜。重頭戲「紅燒肉」很特別地加入河豚乾，用豬油來燒。

時蔬是用蝦卵醬油燒出來的「油燜筍」，春筍剛剛上市自是鮮美，小金處的特製蝦卵醬油，只用農曆五六月帶卵蝦子醃製，手工挑開蝦肉、蝦腦、蝦卵、蝦殼，一公斤大約要撥一個半小時。趁大夥在開講，筍控在下賣力開吃。

春天裡的另一道季節限時野味──「蓴菜和蛤蜊」一塊燒湯。我實在很喜歡蓴菜葉底下滑嫩的膠質，像是茶葉般大小的綠葉黏了迷你果凍，滑溜入口的感覺很特殊，今晚的蓴菜是小金夫婦從蘇州產地用水壺新鮮帶回來的。湯裡的蛤蜊只見肉不見殼，原來又是道功夫菜，先將肉取出，以殼熬湯，湯熬成後再加入蛤蜊肉。

餐後甜點是「雙耳桃膠湯」，少見的桃膠、黑白木耳這些富含膠質的美容食

材，滋補養顏，喝的時候再淋上桂花滷，不是太甜，女生們都開心的連喝兩碗。

　　整頓晚餐，女主人小萍都站在桌旁，負責上菜與解說，碰到恩文哥這個專家，簡直遇見了知音。邊聊就從冰箱、櫥櫃搬出各種祕製醬料、私房食材，讓我們試吃、聞香，金先生上了最後一道菜也加入了我們。掌廚人與食客，毫無距離，面對面愉快交流著，我們今夜好似來到一對夫妻好友的家中作客，自在出入廚房，窺探冰箱和平時上著鎖的餐櫃中的祕密寶物。對於怎麼燒出這一桌好味道的祕訣，主人們並不藏私。

　　私廚的趣味，各處不同。在小金處，我深刻感受到這對夫婦順應四時，向大自然取經的生活哲學，屋頂設了一個大曬場和小菜圃，就為了保存季節特有的風味。這家大眾點評查不到的私家料理，有著傳承自夫婦倆家族的好手藝，每天只為迎接一桌客人而悉心烹飪、熱情款待，是值得一探的真愛好味道。

酒釀炒蝦

推薦菜：

桂花滷涼拌山藥
糖醋小排骨
酒釀炒蝦
清蒸臭豆腐
菊蒿臘肉菜飯
菜單交給小金小萍搭配季
節性菜單即可

菊蒿臘肉菜飯

清蒸臭豆腐

DATA

小金處私房料理

訂位 Mail：946933811@qq.com

貼心叮嚀：只提供晚餐，六到十人一桌，費用每人 180
　　　　　元人民幣，最好提前五天預定。對於熟客，
　　　　　小金處會留下用餐紀錄，每次來都能嘗到新
　　　　　菜色。

老半齋是創立於清光緒年間的老字號

老半齋

一年搶鮮只有三周且是最貴的陽春麵

經常聽上海朋友說：「鮮到眉毛掉下來了！」尤其到了春天，氣候漸暖、萬物生長，盛產的蔬菜、水果也格外的鮮美。清明前，一年一度的「長江刀魚」季來臨，只有短短三、四周的搶鮮時間，讓老饕們再忙也不敢耽擱，早早向熟識的店家預約這傳說「鮮到掉眉」的珍貴漁獲。

由於工作的關係，Mr. D 結識了許多國內的富豪老饕，季節一到，這群懂吃的朋友也不忘推薦剛移居上海的「逮丸郎」加入搶鮮的行列。

從長江裡捕獲的珍稀河鮮——刀魚，身形瘦而修長，肉質細緻、肥美，具有獨特香氣，刺多而細，過了清明刺會變粗難以食用，每年只有在清明前三到四週才能吃得到。由於產量年年遞減，身價越來越矜貴。

老半齋的刀魚是老饕們引領期盼的鮮味

據說要吃刀魚，在上海最熱門的餐廳首推創立於清光緒年間的百年字號——「老半齋」。

黃浦區福州路上，兩家百年老店——創立於清光緒年間的「老半齋」和擁有兩百多年歷史的蟹大王「王寶和」，對街相望，每年春、秋兩季都迎來追隨時鮮的饕客。相較於產季延續一整個秋季的大閘蟹，趕來吃明前清刀的人潮更集中些。

大紅燈籠與桌布，透露老字號的復古氣息

餐廳裡懸掛著大紅色的燈籠，鋪著正紅色的桌布，透露出「老字號」的復古氣氛，身邊的客人大多有點年紀，我和 Mr. D 被白髮蒼蒼的老食客團團包圍。十一點左右，店裡已座無虛席，一碗碗招牌「刀魚汁麵」不斷送出，川流不息的人潮都衝著這珍稀鮮味而來，一天能賣出八百多碗。

外餐廳提供各式快餐點心

這人稱「最貴陽春麵」的刀魚汁麵，碗中不見刀魚肉，卻暗藏著老半齋歷史悠遠的絕活。

做法是將一排排的小刀魚釘在巨大的木鍋蓋上，在裝滿水的大鍋蓋上燜煮七個多小時，直到

皮酥肉爛、蒸煮出魚汁菁華；蓋上留下的魚架子還得繼續包進紗布中煮到骨酥、菁華融入湯汁為止；同時還加入了雞肉、豬肉、火腿，熬成奶白色的高湯。我和 Mr. D 分享了一碗三兩的刀魚汁麵，要價三十二塊人民幣，喝一口湯，滋味十分清淡，得細細品嘗才能感受到那種淺而溫柔的鮮甜。

另外點了一尾「清蒸刀魚」，小小的體型約一兩半重，比手掌稍長一些，價格不斐，要兩百塊。老闆說，餐廳雇了五條船，每天從江陰直送現撈的刀魚，可惜魚貨年年下降，重量超過一兩半，能用來做清蒸刀魚的，一天只能抓到二十來條，價格自然一年高過一年了。

傳說中肉質細膩、肥美的刀魚，表面鋪上了蝦卵去腥。用筷子捏起，果然魚肉潔白細膩，可那一身的刺，又細又透明，密密麻麻的，讓人不得不放慢速度，細細抿食，感受那股清香味。想貪快絕對

每天賣出八百碗的刀魚汁麵

是禁忌，從小習慣大口吃魚的 Mr. D，就不慎被刺戳進大門牙縫，可憐兮兮的在大庭廣眾之下掏了老半天的牙。

　　第一次的刀魚體驗，坦白說，有一點失落。肉雖細緻，也有淡淡的甜味，但河魚的土腥味用蝦卵依然無法蓋住。論鮮，它沒讓我眉毛掉下來，怕刺，小小一尾魚，花了半小時才吃完。當晚我把刀魚食記在臉書上貼文，臺灣朋友紛紛留言，吃過的都說：「吃不來啊！」

　　這讓我聯想起秋天的大閘蟹，也教上海人不厭其煩的拆著殼、抿著、吮著吃。興許是滬上人家都愛長江流域沿岸特有的河鮮，那種秀秀氣氣的吃法，吃的不只是舌尖上的滋味，而是幾個世紀流傳下來集體的飲食印記。

　　為此，我也樂意做一回「上海人」，在每年的清明前，在這現代都市中最古老的一角，領略老上海的情調。

一兩半一尾要價兩百元的清蒸刀魚

川流不息的人潮為了一碗人稱「最貴陽春麵」而來

 推薦菜：

刀魚汁麵
清蒸刀魚

奶白色的湯汁，淺而溫柔的鮮甜

 DATA

老半齋

店家地址：福州路 600 號（近浙江中路）

電話：6322-2809，6322-3668

營業時間：早市 6：00 ～ 11：00，
　　　　　午市 11：00 ～ 14：00，
　　　　　晚市 17：00 ～ 20：30

真老大房

排上十小時也要買到的中秋月餅

中秋近了，親朋好友送來的月餅堆成了一座小山。有鐵盒裝的廣式月餅、比臉更大更圓的伍仁火腿餅，老公事業夥伴從雲南寄出的宣威雲腿月餅，鄰居替孩子訂購的 H 牌冰淇淋月餅，好朋友提來的臺灣品牌雙層月餅和五星酒店主廚特製餅。不夠、不夠，人在上海，中秋期間還有這麼一種餅，非吃不可。

因為外來人口多，魔都裡大江南北、各式月餅都能找到。但，能教上海人甘之如飴排隊去買的就只有——「鮮肉月餅」。來了這麼多年，始終沒嘗過，真的是害怕排得天荒地老的折騰。這幾周以來，微信、微博瘋轉著一篇「滬上十大排隊鮮肉月餅」的貼文，新浪今天又出了則新聞，說有人為了買盒鮮肉月餅不惜排隊十幾個小時，不喜排隊還能請黃牛以每盒八十塊人民幣代購。過節的氣氛，就在淮海中路和南京東路沿途的老字號食品行和餐廳沸騰了起來。眼看著月亮一天天更圓了，「鮮肉月餅」也跟著在腦海裡轉圈圈。獨特的蘇式鹹月餅，到底是個什麼樣的滋味，好想知道啊！

花了點時間做功課，總算發現了百年老字號——「真老大房」在環球港剛開的門店，知道的人少，據說是能最快買到的祕密新據點。

金色斗大的「真老大房」招牌，透著創建於 1851 年的歷史軌跡。玻璃窗臺後每隔幾分鐘，穿著白色制服的中年師傅就會捧著大鐵盤出現，新鮮出爐熱呼呼的餅可真香，店裡幾位姑娘，利落的一盒十二只餅的不斷裝盒，貌似店長的女士聽出了我的臺灣口音，很親切的介紹起自家的鮮肉月餅，另外也特別推薦已經斷貨好幾天的伍仁和百果兩種甜口味。

顧不得形象，聽說這餅要熱的燙口最好吃，拿著透油的褐色紙袋我就在街邊吃了起來。餅皮很有層次，薄酥的表皮下又有鬆軟厚實的一層，是蘇式月餅很傳統水油皮麵糰包酥油麵糰的製法。中央的肉餡是很緊實的豬肉，只用淡淡的鹽巴、醬油、糖調味和黃酒去腥，熱熱的湯汁淺淺溢出，更多的已融入油酥餅中。第一口不感覺特別出色，咬著咬著，麵香、酥油香和豬肉餡的香氣漸漸浮現，忍不住就被吸引著一口接著一口吃的乾乾淨淨，而且我，一吃兩個。

坦白說，這次的鮮肉月餅初體驗沒有驚豔和悸動，因為它缺乏爆漿或噴香的 drama，光光的皮連芝麻都沒有，內餡也不見蔥薑胡椒的陪襯。或許是吃慣了臺灣的胡椒餅和蟹殼黃，也可能是期望高了。但是，我嘗到了一種很質樸與傳統的味道，雖然無從得知，一百六十幾年來，它的配方是否始終如一。有篇文章說，

剛出爐的鮮肉月餅香氣四溢

鮮肉用餅一盒十二個　餅皮很有層次，中央的豬肉餡有著熱熱湯汁

推薦菜：

中秋鮮肉月餅

傳統蘇式五仁風味和百果月餅

十二歲以前經常接觸的食物，就是成人戀戀不忘的「媽媽味」，這餅簡簡單單的材料和調味，也許就是代代相傳，上海人心中共同的中秋味，不盡然最好吃，卻是月圓時少不了的食物。

忽然間，想起了媽媽在我們小時候做的菊花豆沙餅。中秋來臨前，一家人會在廚房待上一整個下午，用麵粉、豬油、砂糖慢慢把麵糰揉得油亮亮的，等待筋度鬆弛的同時，媽媽會拿出大鍋揮汗炒出豆沙餡，然後領著孩子們一步步做成樣子很好看的菊花酥餅。做月餅、吃月餅，曾是我兒時記憶最美好的一段。

多買了幾盒送到朋友家，已經在上海住了十七年的她，竟然也是初嘗鮮肉月餅。一個要價只要三塊五毛，拿來送人並不氣派；只能保存三五天的限制，也不適合用來轉送。所以除非願意花時間排隊，或有熱心的親友肯幫忙代買還毋需客套，這鮮肉月餅還真吃不到。對了，萬能的淘寶據說也提供幾家排隊名店代購，只是經過漫漫等待到手的似乎會多了點辛苦收穫的滋味吧。

DATA

真老大房

・感受排隊氣氛——南京東路店
　地址：南京東路 536（近福建中路）
・快速到手據點——月星環球港店
　地址：中山北路 3300 號月星環球港 B1 層 B1217

PART 2

無辣不歡的

大江南北美食

孔雀川菜

不只辣一菜一格的川味之美

對於無辣不歡的人來說，吃在上海是非常過癮的。這裡有中國的川、湘、黔、滇菜系，還有韓國、東南亞、印度等等異國料理，各式各樣的辣、各種程度的辣，任君挑選。而當中，最令我著迷的是「川菜」。

　　身邊愛吃辣的朋友很多，因此聚會經常相約「麻辣探險」。用「探險」來形容，是因為川菜重砲型的口味，臺灣人有時吃不來，碰到辣味指數破表的餐廳，難免一頓飯後嘴麻唇腫，或是太鹹、太麻、味精太多，喝的水比吃下的食物多，加上川菜料理油用的多，新聞也曾踢爆多家為了節省成本用了地溝油、回收油的無良餐廳。

　　2013 年開幕的靜安嘉里中心裡有一家熱門的川菜館——「孔雀（MAURYA）」，躋身在許多國際精品旗艦店間，以時尚的姿態展示川味之美。走近孔雀，門口玻璃櫥窗內昂首而立著純白華麗的長尾孔雀，雍容華貴的迎接著賓客，環境的色調是非常 Feminine 的 Tiffany 藍與白，她還有個充滿異國情調的店名—— MAURYA，意思是印度語的孔雀。都說川菜「一菜一格、百菜百味」，孔雀的菜不局限在麻、辣的框架，融合了鮮香酸甜。雖是辣，但沒有逼出一頭汗或尷尬的鼻涕，也沒有掩蓋過食物本身的風味。除了經典的川菜料理，這裡還有上海少見的四川「土味菜」，從前菜、湯、海河湖鮮、家禽野味、牧場珍品、田園時蔬和川香點心，都可以見到老闆引進道地方川味的用心。

　　餐廳在中午時段只接受十一點半以前的訂位，因此幾乎每桌都坐著一兩位提早到的代表，點上幾碟涼菜和一杯白色的飲料。「請問先來杯營養米湯嗎？」服務員送上菜單的時候問，人手一杯的飲料當然要試試。嘗了一口，其實就是白米

煮出來的濃湯，稠稠、熱熱的很單純的米汁，用意是在飯前暖暖胃。

暖了胃之後，開胃菜也上桌了。說是開胃菜，四川的涼菜絕非配角，據說花樣不下千種，今天點了四道都是各具特色的清涼好味。「樂山滑蛋干」看似豆乾，材料實為雞蛋，細切成指頭長寬的扁片，呈井字型整齊地高高疊起，味道像是用花椒、辣椒、醬油滷出來的蛋白。時令盛產的白色仔藕，拇指大小，以綠色泡山椒醃製、紅色辣椒段陪襯，酸酸辣辣，十分爽脆。用黑色野生蕨提煉出的蕨根粉絲，浸在辣椒油、老醋、醬油、青紅椒的醬汁裡，既滑溜又冰涼。四川特產的水豆豉，是經過發酵產生微黏、味厚而馨香的調料，涼拌脆脆的鵝腸、鮮辣椒、芹菜段，清爽夠勁。

熱菜之中最被大家期待的是「香辣沸騰魚片」，清澈的熱油裡堆疊著雪白的薄切魚片，碗裡有大量鮮紅的乾辣椒、花椒簇擁著，底下鋪著長長的筍尖，散發出椒麻的香氣，有點唇紅、肌膚白皙四川美人的模樣。魚肉在滾燙的熱油裡快速爆熟，肉質細滑軟嫩，入口即化，微微的麻辣並不油膩。

「燈影牛肉」原是四川名菜，指的是肉片薄到能透光，就像皮影戲一般，孔雀的招牌菜「燈影特色敲蝦」取燈影的概念，反覆敲打蝦肉成半透明狀

水豆豉鵝腸

香辣沸騰魚片

營養米湯

蕨根粉絲

的寬條，結構緊緻嫩滑，和刀豆、杏鮑菇丁拌炒，綜合蝦肉的彈牙、刀豆的爽脆和杏鮑菇的Q勁，味道十分鮮甜。

　　「傻兒腸蹄酸辣粉」的組合很澎湃，裡頭有滷得軟嫩入味的豬蹄，和略帶咬勁的大腸，底下則是吸飽酸辣湯的粉絲，還有越咬越香的炸黃豆。店員說「傻兒」是四川人形容傻的很可愛的意思，取這個名字是反映這道「土菜」的土裡土氣。

　　川菜，被譽為中國四大菜系，除了大家熟悉的「辣」，還有「甜、酸、麻、苦、香、鹹」七味，複合調味而成「麻辣、酸辣、椒麻、麻醬、蒜泥、芥末、紅油、糖醋、魚香」等等味型。在孔雀我嘗試了一些過去少見的川菜味道，然而菜單上還有些熱門菜品，例如兔肉、豬腦花、小水蛙，我暫時還沒做好準備點來嘗鮮。也許，在夠膽識的朋友陪伴之下，我也能壯著膽淺嘗看看。

仔藕

推薦菜：

燈影特色敲蝦
香辣沸騰魚片
傻兒腸蹄酸辣粉
蕨根粉絲

川式糯米甜點

DATA

孔雀川菜

店家地址：靜安區南京西路 1515 號嘉里二期北區四樓
　　　　　14 號商鋪
店家電話：6067-5757
營業時間：11：00-14：00，17：00-22：00
貼心提醒：最好提前兩三天電話訂位，餐廳有兩間包廂。

花馬天堂

Lost Heaven

重現七彩雲南祕境的美味滇菜

還記得十七歲那年，讀了金庸的《天龍八部》，字裡行間所描繪的大理古國、茶馬古道像
是人間仙境，住著神祕的少數民族，充滿綺麗的風光、山水、花草，和道不盡的傳說。來
到中國居住多年，還沒機會一遊雲南，滇菜「花馬天堂」倒一直是我喜歡的餐廳之一。

金銅盤罩閃閃發亮

　　順著延安東路一路前行，東方明珠塔就在眼前，雖然已在外灘，這個路段仍是相對寧靜。17 號是一幢獨棟四層樓的建築，沒有醒目的店招，只有門前刻畫著「Lost Heaven」的石板和一池子太陽花，低聲說：「花馬天堂到了。」

　　「花馬天堂」，名字很浪漫，背後的故事也迷人。傳說中，雲南的麗江曾有個花馬國，美得像天堂。來自臺灣的尹氏三兄弟聯手打造這家餐廳，也塑造了他們心目中天堂的模樣，正因為多年前他們的父親來自雲南。

　　一條始於西元六世紀的茶馬古道，串聯起沿線的大理、香格里拉、拉薩等地，暢通了民間國際通商的走廊。高原上居住的傣、彝、白、哈尼、納西等族，數千年以來，在壯麗的自然風光中過著與世無爭的生活，孕育出美麗而神祕的文化。千里之外的花馬天堂，發掘茶馬古道上原始的飲食與文化後，重新詮釋，讓七彩仙境裡的菜肴、香料、影像與色彩，就這樣從眼、耳、鼻、舌、身，入了食客的心。

　　相對於入口的低調，門內的絢麗讓人悸動。一樓的牆面展示著十幾幅取鏡於雲南的山川、田野，與少數民族生活的剪影，以藍天之下的高原為背景，忠實記錄著當地人們深刻的表情與姿態。

　　取材自茶馬古道特有的藝術文化，餐廳的陳設以香格里拉藏族的色彩為主體，滿眼盡是奪目的紅黑主調，錯落著繽紛的木雕、鎏金佛像、少數民族的文物和奼紫嫣紅的熱帶花卉。步入二樓是極為開闊的空間，雲南哈尼族在每年農曆二月有著舉辦綿延數公里的長街宴習俗，而這裡，也可以擺下容納百人的長桌。每

雲南野菜餅

緬式涼拌茶葉

 推薦菜：

　　緬式涼拌茶葉
　　藍鳳凰酸辣蝦
　　卡拉山火塘燒肉

張桌子都插著隨季節而變化的鮮花，金銅盤罩蓋在土褐色的碟子閃閃發亮。

　　花馬天堂的菜，以茶馬古道原生態食材、香料與傳統烹飪手法，結合現代概念，創作出雲南少數民族與鄰近國度——緬甸的特色菜肴。菜單中介紹了許多滇菜不可或缺的香料，都是我所不曾見過的。和川菜、湘菜個性濃烈鮮明的風味不同，酸與辣的程度溫婉多了，躍然於舌尖的多重香料，讓味覺的層次更加豐富。

　　餐廳裡幾乎每桌必點的「雲南野菜餅」，一張翠綠的餅分為十二薄片，像孔雀開屏般地排列盤中，既熱且脆，用臺語來形容——「恰恰」的，餅裡加入了傣族人最愛的香柳葉和瓦族芫荽，在嘴裡散發著清新的香氣。

　　另一道推薦的前菜是「緬式涼拌茶葉」。據說緬甸人愛喝茶，也愛「喫茶」，將茶葉涼拌是當地特有的飲食文化。幾種爽脆的綜合蔬菜，包括酥炸的蠶豆、花生、番茄、辣椒圈和細切的圓白菜絲，用檸檬汁為底，酸酸、辣辣的醬料涼拌，穠纖合度的酸辣調味，清爽開胃。

　　海鮮中我喜歡「藍鳳凰酸辣蝦」。包裹著橘紅色醬汁的蝦球，嘗起來有些泰國冬蔭的味道，但酸辣程度溫和許多，是以苗族人最常使用的山奈葉料理。相傳深山裡鹽是普遍匱乏的調料，因此微酸與辣取代鹽來佐味是苗族料理的特色。另一道「雲筍燴鱸魚」的登場華麗許多，清蒸的去頭開片鱸魚，鋪滿切碎的綠色青蔥、嫩黃色雲筍，盛在銀白色的魚狀鐵盤。鱸魚的肉質十分細緻，搭配雲筍的鮮

甜，從視覺到味覺都很令人享受。

　　肉類的「卡拉山火塘燒肉」，是世代居住卡拉山上佤族人的傳統料理，由於家家戶戶都有個火塘，佤族喜歡拿豬肉塗上自製植物香料後用松木烘烤，表面微焦酥脆，內裡軟嫩多汁。

雲筍焗鱸魚

　　「大理風味蔥椒雞」的樣子，有點類似椒麻雞，炸得金黃的腿肉，覆蓋滿滿的蔥末與辣椒，少了花椒的麻，卻多了青蔥的芬芳。

大理風味蔥椒雞

　　餐廳的三樓和四樓是酒吧—Lost Heaven Bar。三樓的戶外是一片廣大的露臺，紅、黃、藍、綠等大塊顏色，交織成了沙發座區強烈而時尚的氛圍。邊上三幅巨大的彝族長髮老人特寫，帶來視覺上震撼的衝擊，用普洱茶磚砌成的牆壁更是一大特色。入夜後，這裡的雞尾酒還挺有特色的，適合三五好友的相聚小酌。

藍鳳凰酸辣蝦

　　我習慣比預定的時間早到一些。花馬天堂雖然是家餐廳，但在美食之外，這裡還精心雕琢出許多值得細細品味的風景。幾位歐洲和日本朋友，提起花馬天堂都讚不絕口，也許是在高度商業與都市化的魔都，Lost Heaven 的存在就像個都市祕境，讓人在停留的片刻彷彿穿越了時空，呼吸著雲南高原上自由奔放的氣息。

♛ *DATA*

花馬天堂（外灘店）

地址：黃浦區延安東路 17 號甲（近四川南路）／電話：6330-0967 ／營業時間：中午 11：30-15：00；17：30-24：00

花馬天堂（高郵路店）

地址：高郵路 38 號（近復興西路）／電話：6433-5126 ／營業時間：中午 11：30-14：00；17：30-22：30，酒吧 17：00-2：00 ／貼心叮嚀：兩家店當中，我自己的經驗是外灘店的服務態度和氣氛都較好。晚餐時段客人多，最好先訂位。除了單點菜單之外，餐廳還提供人數較多的套餐菜單，平常服務員不會主動提供，可以要求服務員參考。

乾鍋雞　　　　　　　　　　　燒椒皮蛋　　　辣得開胃的蘿蔔乾

滴水洞

酸‧香‧辣毛主席的家「湘」菜

湖南韶山的「滴水洞」，據說谷深青幽、彷若人間仙境，也由於這裡曾是毛澤東故居，每年吸引了絡繹不絕的黨政要員和遊人造訪，而在中國成為赫赫有名的景點。在上海，「滴水洞」同樣名號響亮，因為這兒是間湖南姑娘開的人氣湘菜館，賣的是毛主席一生鍾愛的正宗家「湘」菜，不只上海人愛吃，店裡還總是坐著大批嗜辣的老外。

　　盛夏來臨前，Peggy 的中醫囑咐，氣候炎熱時可酌量吃辣排除體內濕氣。說起中國西南各地，都有為了因應多雨潮濕的氣候因素而形成的辣椒飲食文化，四川麻辣、貴州香辣、雲南鮮辣、陝西鹹辣，而湖南的酸辣，在夏天是分外的開胃啊！連日來的高溫，立馬約了好友們前進滴水洞，用辣美食來養身。
　　都說湖南人愛吃辣，餐餐都得有辣椒相伴。翻開滴水洞的菜單，幾乎每道菜

的照片都點綴著紅彤彤的辣椒，花枝招展的引人開胃。

最先上桌的「燒椒皮蛋」，儘管小小一碟不過掌心般大，嘗進嘴裡卻有著轟天雷似的威力，經火烤焦的朝天椒，在冷水中剝去外皮後手撕成長條，味道辣中帶甜，加入切瓣的皮蛋，以醋、醬油、麻油、大蒜涼拌，用震撼教育甦醒味蕾。據說將辣椒烤過後剝皮吃，可是當年毛主席的家廚為了替老闆加菜而精心研發的吃法。

另一道清涼的開胃菜「酸辣粉皮」，用筷子夾起時，映著光線能看見粉皮的薄、透、細、滑，吸附了色澤紅豔、清香撲鼻的調味料，綜合了油辣椒、醬油、醋、花椒、青蔥，冰冰涼涼的咕溜下肚。

「醃菜」和「臘肉」，同樣是湘菜中豐富風味的兩大要角。醃豆角的酸、爽、脆搭配炒臘肉的鹹、香、嫩，招牌菜「酸豆角炒臘肉」下飯的程度破表。值得一提的是這裡的「缽仔飯」，用土黃色的陶碗一缽缽蒸出來的米飯，粒粒分明、香Q有嚼勁，現點現蒸，飯桶食客最好點菜時直接要上兩碗以免久候。

聽說吃辣跟喝酒一樣，是靠「練」出來的，相傳湘西人請客時，會殷勤的勸吃辣椒而非肉，我想「乾鍋雞」這道菜大概有點這個意思。半鍋雞肉、半鍋辣椒和大量的蔥段，燒出了紅辣辣的湯，也徹底的燒進了雞肉裡。夾了塊雞肉入口，眼淚、鼻涕

開胃菜道道都有辣椒，開胃！

🍴 推薦菜：

燒椒皮蛋
酸辣粉皮
酸豆角炒臘肉
乾鍋雞
手撕包菜

酸豆角炒臘肉　　　手撕包菜

酸辣麵　　　孜然排骨

不爭氣的掉下來了，儘管肉質稍柴，但抱著面紙，大夥還是繼續舉箸進攻。

湘菜的辣變化萬千。「孜然排骨」經過多重的醃、蒸、滷、炸製成，香香酥酥的排骨，裹著厚厚的孜然、辣椒、香蔥，撲鼻而來的香，十分唰嘴。最後一道壓軸的炒青菜也要從一而終的辣，「手撕包菜」選用爽脆的高麗菜，用手撕保留脆度，再用乾辣椒和花椒拌炒，既辣且麻。

許多文章都提到，毛主席的飲食終身簡樸，平日都是四菜一湯，偏愛簡單料理和食物的原汁原味，也因此在湘菜中衍生出風格獨具的「毛家菜」系。事實上走進滴水洞，周遭是種樸實和不做作的氣氛，藍白相兼的桌布、粗獷的木桌椅，菜色的擺盤並不講究。有人說滴水洞這家餐廳真「土」，很忠實的把湘菜大剌剌的香、辣、酸、麻端上桌，不靠花俏的氣氛營造。想在盛夏揮汗享受辣美食，滴水洞很適合不打扮、輕裝享受。

DATA

滴水洞

地址：茂名南路 56 號 2 樓（近長樂路）

電話：6253-2689

營業時間：上午 11：00 ～晚上 11：00

PART 3

上海最迷人的氣味

老洋房的新味道

老洋房，是上海最美的風景之一。寫滿歲月痕跡，紅瓦粉牆、風格獨具的氣派歐式建築，有著綠草如茵、花團錦簇、老樹參天裝點的大院子，每一幢都訴說著 1930 年代以前上海灘的傳奇故事。他們隱匿在幽靜的馬路和弄堂裡，用高聳的藩籬和森嚴的大門，阻隔人們好奇的眼光。關於那些誰和誰曾經在此居住，過著如何考究、奢華的生活，這一類的流言蜚語，就成為不得其門而入的平凡百姓，樂於傳誦的故事。

　　而今，過去帶著神祕面紗的老洋房，有些建築年久失修，破落在繁華城市的角落裡。有些則是重新粉墨登場，敞開大門，成為富人的宅邸、公共建築、旅館和餐廳。

　　踏進老洋房，彷彿穿越時光的迴廊，讓人重新呼吸到老上海奢華、海派、中西交融的氣味。喜歡這些建築被細膩的重建與照顧，更欣賞賦與老洋房新生命的理念與用心。最重要的是，沒有擁擠而嘈雜的人群，能靜靜的坐在老上海的空氣裡，品味心靈與味蕾的雙重饗宴。

THE PRESS

厚實的原木大門印著「The Press」

The Press by Inno Café

老報館裡的披薩、咖啡香 是穿越時光走進上世紀的
新聞博物館

「申報」是上世紀上海最具影響力的報紙，儘管隨著改朝換代已然停刊多年，興建於
1918 年的申報館依然是外灘最美的老建築之一。經過改建，申報館地處外灘漢口路的舊
址，於 2015 年春季新開了一家義式料理飄香──「The Press by Inno Café」。

申報總經理史量才留下的一句名言
「報有報格，人有人格」

外灘的漢口路曾是
上海的新聞重鎮

懸掛著報社老照片
的牆壁

白色弧形屋頂上細緻的雕花

　　外灘的漢口路曾是上海的新聞重鎮，數十家新聞出版機構紛紛聚集於此。一如英國倫敦的新聞街——「艦隊街」，因有泰晤士報和每日郵報等設立於此而得名，有人將這一帶形容為「中國的艦隊街」，而發行量曾高達十五萬份的——「申報館」，就像是艘領航的旗艦。

　　辦報達七十八的申報，至今仍是中國歷史上發行時間最長的一份報紙，如同一部中國近代的百科全書，記錄著晚清、民國早期、抗日戰爭、解放戰爭時期的重要歷史事件與民生變革。

　　辦報的人和看報的人雖已遠去，老樓與曾經在此輝煌的申報精神，依然不滅。

　　走近山東中路與漢口路交叉口，五層樓高的申報館仍保有優雅的石灰色外牆和雕刻著精緻花紋的壁柱。餐廳一側的玻璃窗上，寫著申報總經理史量才留下的一句名言：「報有報格，人有人格。」

　　厚實的原木大門印著「The Press」，門後的世界，不單是處值得探訪的人氣新餐廳，更是百年前一群傑出新聞從業人員工作的殿堂，與中國新聞史上珍貴的史碑。

　　中午十二點不到，餐廳早已滿座。等待位子的時候，我穿越鼎沸的人聲，走向懸掛著報社老照片的牆壁。照片裡有申報館外的街景，報社發行人的特寫，老辦公室的陳設，記者圍著大編輯臺寫稿，工人們埋首排字、製版、印刷等畫面。一面牆帶領

主廚的概念是「餐廳自製」、「不添加人工化學物」

「申報」是上世紀上海最具影響力的報紙

石砌的牆面立著報頭字樣「申報館 The Shun Pao 1872」

來訪者，穿越到百年前，認識這棟樓與這份報紙的身世。

步上二樓，向左是被命名為「Archives 檔案室」的區域，沿著牆是一整排的書籍與沙發區，抬頭仰望就能近距離欣賞白色弧形屋頂上細緻的雕花。往右轉，箭頭標示著「Dark Room 沖印房」和「Casual Talk 自由談」。映入眼簾的是片開闊的中庭空間，石砌的牆面立著報頭字樣「申報館 The Shun Pao 1872」，舒適的沙發座椅沐浴在頂樓落下的暖陽之中。走著走著，地上有一行「1918 年落成」的字樣。

記錄著這棟房子與曾經在此工作的人們的一切，俯拾皆是，頗有保留歷史頁扉、新舊交替的意義。很喜歡經營這家餐廳的團隊，蒐集關於建築的故事、照片與資訊來重建這棟樓房，恢復當年榮光的用心。

等到座位時，身穿「Paper Boy」制服的服務員送來一份封面像「號外」的菜單，仔細一看，服務

推薦菜：

披薩餃
特色沙拉
手工青醬麵
烤茄子

特色沙拉

烤茄子

披薩餃

檸檬塔

手工青醬麵

生們分別是 Chief editor、Reporter 和 Paper boy，令人莞爾。

廚房裡正在揉麵做披薩的是來自義大利的主廚，正值餐廳最繁忙的時候，沒有機會和他聊聊。從菜單裡讀到了主廚的概念是「餐廳自製」、「不添加人工化學物」，從麵包、披薩、調料、義大利麵和甜點都在廚房裡完成。我和 Mr. D 點了特色沙拉，芝麻菜、堅果與雞蛋的組合很清新健康，火腿起司通心粉味道偏淡，檸檬塔和巧克力慕斯佐薰衣草糖粉的甜點，風味不錯，略略偏甜。

午休時間過後，餐廳頓時安靜了下來。臨窗的座位，坐著一位衣著時尚的法國女士，白髮蒼蒼卻無損她的優雅魅力，我們忍不住偷偷欣賞她邊喝茶、邊讀報的姿態。就像是上海獨有的一道風景─很西方的人事物，很完美的融入在中國的舞臺背景中。

在 The Press，老報館與新餐廳，中文報與義大利料理，Fusion 得很和諧。來到外灘，不妨來感受一下。

♛
DATA
The Press By Inno Café

地址：黃浦區漢口路 309 號申報館 1 樓 A1-03（山東中路口）
電話：5169-0777
營業時間：10:00 ～ 21:00

慧公館巨鹿路店

杜月笙公館裡的冠軍廚王本幫菜料理

看過《上海灘》電影或小說的人,對於上世紀赫赫有名的人物杜月笙、黃金榮一定不陌生。
Mr. D 酷愛歷史,經常替我和女兒講述這些比電影更傳奇、更精采的老故事。幾處曾為他
們所有的老建築,如今紛紛被餐飲集團相中,以老宅的歷史性與神祕感包裝菜肴,打造成
為熱門餐廳。像是黃金榮的故居——桂林公園裡的桂林公館,黃金榮與杜月笙共同籌組的
三鑫公司舊址——新樂路上的首席公館,杜月笙姨太太的洋房——紹興路上的老洋房花園
酒店和巨鹿路上的慧公館。

成立近三十年的小南國集團，在中國和海外共有八十多家餐廳，旗下的慧公館，據說是取董事長王慧敏的「慧」字來命名，鎖定高端本幫料理市場，是集團裡最貴的餐廳。選址講究，外灘源、思南公館和巨鹿路三家店，分別都是頗具特色的老洋房，菜色、服務和環境也更精緻與出色，是我們招待商務客人、親友人經常選擇的地點。

慧公館巨鹿路店坐落在法租界延中綠地中央，三層樓的英式老洋房氣勢宏偉而古典，有著美麗的紅色屋瓦、石砌的立柱與陽臺，由上海匯豐銀行買辦席鹿笙的父親於 1923 年所建，後來轉手上海大亨杜月笙，做為饋贈四姨太的金屋。

走進偌大的廳堂，播放的音樂是仿黑膠唱片音質的「夜上海」等老歌，舉目淨是錯落陳列的珍貴骨董、家具與配件，廳廊、走道、包廂裡懸掛著許多上世紀上海灘知名歷史人物的相片。入眼、入耳、入心的都是很有年代的元素。

慧公館的行政主廚吳志雄，原是粵菜名廚後轉入滬菜，將許多新潮的觀點與創意注入傳統本幫菜。2013 年參加大陸央視「廚王爭霸賽」奪得比賽冠軍，2015 年還曾與小南國主廚應邀到臺北晶華酒店客座。

厚厚一本的菜單上有適合大宴的海參、鮑魚、龍蝦，也有許多經典本幫菜和點心。

簡簡單單的一道前菜──「香干拌馬蘭頭」，

鮮蝦涼瓜黑松露煎蛋白

上海燻魚

蟹粉豆腐

紅燒肉百葉結

排盤就讓人眼睛為之一亮，一份四枝水滴型的小碟裝著新鮮幼嫩馬蘭頭，和香干一起剁得極細極碎，精緻度滿分。特色本幫燻魚，選的是嶺南順德的青魚最肥的部位，現點現炸，非常酥脆入味。

有些臺灣朋友很排斥紅燒肉，怕肥膩更怕濃油赤醬，這裡的「紅燒肉百葉結」保有了道地風味但減去鹹膩程度，連女孩子也敢來上幾塊。「生拆蟹粉豆腐」是用每天現拆蟹肉，搭配山水絹豆腐，每一口都是入口即化的滑爽與蟹肉的甜美。

有一道取材「菜脯蛋」的升級版創意菜——「鮮蝦涼瓜黑松露煎蛋白」，選用野生河蝦、黑松露和苦瓜，加入打散的蛋白中，薄薄一片如同烤方大小，外皮酥脆，內餡軟嫩，上桌時就能聞到撲鼻的松露香，入口時有苦瓜的甘甜與河蝦的鮮味。

店裡的名菜——「香脆辣子雞塊」視覺上令人驚豔，安徽六安放養的三黃雞腿，炸得金黃酥脆，滿滿地覆蓋著紅、綠雙色辣椒段和翠綠色的花椒串，肉雖多汁而軟嫩，味道香而不辣，但我們都一致覺得臺灣的鹽酥雞才夠味。

店裡的點心做得非常精緻，像是再家常不過的「黃魚麵」，找來東海野生小黃魚，用魚骨、豬肉、香料熬上八小時，煮出奶白色的湯底，魚肉炸酥，再灑上寧波雪菜，肉嫩、麵滑、湯濃，很夠味。

飯後每桌必點的甜點——「杏仁白玉」，用雙層透明玻璃玻裝著，上頭是方方一塊白皙的杏仁豆

風格各異卻都有著老上海韻味的包房　走進歷史的階梯

🍴 推薦菜：

生拆蟹粉豆腐
鮮蝦涼瓜黑松露煎蛋白
紅燒肉百葉結
棗泥千層糕
杏仁白玉

香干拌馬蘭頭

腐，以每天現磨的南北杏，經過五道研磨、過濾、去渣製成，是真材實料才做得出來的濃郁風味，下層還有冒著乾冰、浮著玫瑰花瓣的裝飾。裝在小蒸籠裡的「棗泥千層糕」，切割成小巧的菱形，取河南的雞心紅棗去核後，拌炒三小時成泥後，一層糕、一層棗泥，手工堆疊數十層製成，淡雅而清香的紅棗餡，夾在香軟的鬆糕中，是很典雅的甜品。

大亨與美人的浪漫故事，人人愛聽，走進慧公館，就像走入歷史中著名羅曼史的場景，延著鋪了厚厚絨毛地毯的樓梯向上探索，每一層樓都有值得細細觀賞之處，服務員還會熱情的解說老照片裡的故事。站在三樓的陽臺俯視，法租界的美景就在腳下，上海灘的一代梟雄和往來的名流才能享有的視角，原來是這樣的呀。

杏仁白玉

香脆辣子雞塊　　黃魚麵

造型討喜的鍋貼　　棗泥千層糕

♔ DATA

慧公館

地址：盧灣區巨鹿路 168（近成都南路）
電話：4008202028，5382-2757
營業時間：9：00 ～ 22：00

上海科學會堂

JE Villandry

上海面積最大的老洋房的新餐廳

上海迷人的地方除了秋天的大閘蟹，我最愛的是，老洋房。尤其是在進駐老洋房裡頭的新

餐廳吃一頓飯，有點像是聽一首雋永的老歌，重新被詮釋翻唱那樣。

十一長假後好姊妹們的第一次聚會，選在 2013 年開幕的 Villandry French Restaurant。

這裡是上海餐廳周消費者票選出來的 Dining City best new comer

入口的大廳有架 170 年的老鋼琴

穿過南昌路的上海科學會堂入口，我們沿途都有周到的服務員領路，走在陽光灑落的長廊，頂上是璀璨的水晶吊燈、窗邊是東方味的彩繪燈籠，輝映着保存得很好的窗花玻璃。

科學會堂是上海面積最大的洋房之一，擁有約 6000 平方米的噴泉花園，與磚紅色的古典式雙層樓房，相互輝映美如一幅畫，拍照時還需要使用「全景」模式才能捕捉整棟樓的完整樣貌。昔日法國商會、法國學校舊址的百年花園洋房，有著中西融合的建築風格。入口處

一部靜靜佇立的老鋼琴，已經 170 多歲
了，跟著主人來到了上海，從此留在這
裡紀錄著歐洲人來到東方冒險樂園的樂
章。

　　一樓與二樓被分隔成酒吧、法國料
理、中式料理餐廳，和許多以法國城市
為名的包廂，像是楓丹白露、里昂、尼
斯和馬賽，風格各異卻都十分精致華麗。
連結在一起的酒吧和法式餐廳，大量運
用了酒紅色系、奢華的絲絨家具，透露
著政商巨賈曾經川流不息的往事。

　　當我們入座後，偶然「聽出」了主

長廊上西方的水晶燈　　1918 年的巨型手繪
與中式的燈籠　　　　　玻璃

昔日的法國商會、法國學校原址

廚操着親切的口音，原來他是曾在法國藍帶習藝與米其林星級餐廳工作數十年的臺灣人。今天點的是三道菜的午間套餐，餐前的麵包籃——小法棍、德國紐結、芝麻脆片和香草佛卡夏，口感、麵香都很到位。尼斯沙拉裡的鮪魚、小銀魚、溫泉鵪鶉蛋、櫻桃蘿蔔和朝鮮薊風味具足。

主菜碳烤牛里肌非常可口，佐肉的奶油醬散發著濃郁的香草氣息，紅色胡椒粒讓味覺層次更加豐富。餐後的巧克力有些過甜，但整套午間特餐已讓人滿足。

三道式的午餐價格略高，然而坐擁華麗的洋房和花園的確是莫大的享受。服務員受過良好訓練，笑容可掬，上菜時能簡明扼要的解說，甜點上桌前也會細心將桌布上的麵包碎屑清理整潔。

離開前，我們在餐廳經理的陪伴下走到二樓參觀。沿著木製扶梯而上，一幅完工於 1918 年的巨型手繪玻璃高掛著，讓灑進來的陽光，融合了繽紛

以法國城市命名的包房

莫瓦魚巧克力蛋糕配薑味冰淇淋佐柳橙汁

馬斯卡彭乳酪蛋紅豆抹茶蛋糕

下午茶

尼斯沙拉

碳烤牛里脊

油封鴨配森林野菌

 推薦菜：

尼斯沙拉
油封鴨
碳烤牛里脊
下午茶

花朵的色彩，投落在寬廣的宴會廳木地板上，Mr. D 和 Do-rei-mi 牽著手、哼著旋律就開心的跳起華爾滋。

　　此時，戶外白色的洋傘下，已經有幾桌客人開始享受英式 High tea，面對着綠草如茵的廣闊花園，聆聽輕柔的古典音樂，我彷彿走進了 1913 年，那個老宅洋味十足的年代。

佐餐的精緻調味料

美味的餐前麵包

 DATA

JE Villandry 上海科學會堂

地址：盧灣區南昌路 47 號（近思南路）
電話：3126-8801
營業時間：中午 11：30-14：00 晚上 18：00-22：00

武康庭

當新天地、田子坊成為熱門旅遊景點後，絡繹不絕的觀光客與日益商業化的店家，逐漸成為這兩處地貌的主角；而在地的人，早已另尋他處消遣周末。還好這裡，截至目前還沒有搖著小棋子跟著領隊走的觀光軍團入侵。

被人暱稱為「迷你新天地」的武康庭，近幾年來人氣越來越夯。位於武康路 376 號的武康庭，原是一片有歷史的里弄，在保留老洋房風貌的基礎上，注入自然人文生活型態的新概念，聚集了多家獲獎及人氣餐廳、咖啡館、畫廊、花店、葡萄酒店、設計珠寶、生活精品店等，具有濃厚的人文氣息與異國情調。少了賺觀光財的店鋪，氣質與氣氛都很好。

上海有六十四條永不拓寬的馬路，短短約一點二公里長的武康路就是其中之一。這條新月形的環形馬路，連結著華山路、五原路、復興西路、湖南路、泰安路等五條同樣永不拓寬的馬路。沿途有著風格、樣式各異的別墅與公寓，像個濃縮版本的萬國建築博覽會。據說在二十世紀初，英國知名劇作家蕭伯納拜訪上海時曾在武康路上散步，留下了如此的印象，「走進這裡，不會寫詩的人想寫詩，不會畫畫的人想畫畫，不會唱歌的人想唱歌，感覺美妙極了」。如今隨著武康庭的興起，武康路又更增添了迷人魅力。

一 外灘源

外灘源聚集多家上海最頂級餐廳

外灘上的祕境：圓明園路上外灘源

黃浦江畔上的外灘，全長 1.5 公里，南起延安東路，北至蘇州河畔的外白渡橋，向浦東的角度，能眺望東方明珠塔、陸家嘴三大高樓—金茂大廈、上海中心和上海環球金融中心，朝中山東一路，則有 52 棟風格迥異的萬國建築群。旅人的步伐，通常都聚集在此，想一探外灘上的祕境嗎？順著蘇州河方向走，鄰近外白渡橋邊的圓明園路，隱匿在外灘邊上，既寧靜又純粹，保留了昔日上海灘風華絕代的氣息。

有人用「風情萬種」來形容這條道路，從路口漫步至巷尾短短三百米的距離，不過短短十來分

新天安堂

安培洋房

圓明園公寓

鐘，綿延了 14 幢有故事的老洋房，經過歷時長達十年的規畫與重建，細膩的復原了當年的樣貌。隨著鞋跟在石板路上踩踏出的清脆聲響，時光彷彿緩緩倒流，走回了上一個世紀。

　　有著磚紅色外牆與高聳尖塔的──「新天安堂」是外灘源的起點。接著是東側的英國領事館、此區唯一的新建築半島酒店，和西側的真光大樓、蘭心大樓、中華基督教女青年會大樓、圓明園公寓、安培洋房等。每一棟都是匠心獨具的歐式建築，外牆、屋頂、窗楣、梁柱，處處可見精心雕琢的裝飾。如果聲音能被抽離，站在外灘源，彷彿置身於歐洲的美麗街角。

外灘上的珍珠：女青年會大樓

優秀歷史建築
HERITAGE ARCHITECTURE

女青年会大楼
Y.W.C.A. Building

女青年會大樓興建於
1933 年

　　圓明園路 133 號，是建於 1933 年的中華基督教女青年會大樓。九層樓的建築，外牆是深褐色的清水磚，看似西化的風格卻具有中國傳統色彩，是上海現存珍貴而少見的中國傳統復興裝飾藝術風格，門面、門楣處處可見精緻的圖騰。如今一樓到九樓分別進駐了多家頂級美饌，一樓有 Paris Rouge，二樓有來自臺灣的微熱山丘；六樓是結合了書店、藝廊、餐廳、酒吧和出版空間的 Light & Salt。

1F　Paris Rouge（法國料理）、Teuscher Caf(頂級巧克力）
2F　微熱山丘鳳梨酥
6F　Light & Salt On The Bund（餐廳、酒吧、書店、創意空間）
7F　逸品魚生（日料）
8-9F　逸薈（粵菜）

微熱山丘

外灘上的臺灣之窗，小金磚的魅力與奉茶精神

小時候不大喜歡月餅盒裡的鳳梨口味，又甜又黏牙。這幾年，鳳梨酥華麗變身，成為臺灣
聞名中外的當紅美食，每趟返臺都要帶幾盒餽贈親友、客戶，Do-rei-mi 公主在學校的「國
際日」活動，我也會在介紹臺灣給小聽眾之後，準備他們最愛的鳳梨酥。直到 2013 年中
秋，收到好友 Andrew 送來的「微熱山丘」，他說：「以後不用當鳳梨酥搬運工了，打電
話就能宅配，到外灘源店一樣有免費試吃。」邀約了幾個臺灣朋友速速行動走一趟外灘源。

微熱山丘位在二樓　　純灰的質樸空間，樓面只有一　　造景鳳梨田
張大大的木桌、兩排木椅

　　進了女青年會大樓美麗的廳堂左轉，順拼花瓷磚樓梯向上，就能直達二樓的「微熱山丘」。純灰的質樸空間，樓面只有一張大大的木桌、兩排木椅、一畝造景鳳梨田與表參道微熱山丘店的小模型，整排長窗外的景色是店裡最奢華的裝飾— 對街綠影扶疏的英國領事館花園，敞開的玻璃迎入了滿室自由流動的陽光與空氣，給人一種歲月靜好的幸福感。

　　店裡最多的是日本和臺灣客，各自分坐在長桌兩側，靜靜交談，等待服務人員奉上臺灣世界有名的小金磚和金黃色澤的烏龍茶，彷彿大家都清楚，這份精巧的點心是全然免費的試吃。客人們自己撕開包裝，取出正正方方的鳳梨酥，聞著奶油和鳳梨的清香，再品嘗鳳梨纖維存在感十足的餡料，一會「歐伊西」的聲音不絕於耳。

　　這裡很特別，絲毫不像賣糕餅的店舖，沒有喋喋不休的推銷話術，產品也只是低調的少量陳列在牆緣。當「試吃」在多數的地方，都還停留在切割得破碎而細小的「淺誠意」，「微熱山丘」的奉茶精神塑造了獨一無二的「感動行銷」。大多數的人會把吃完的包裝袋放在小木盤上，擦淨掉在桌上的碎屑，然後自己走到櫃臺購買。我帶了許多上海朋友來，評價是：「不可思議，太大氣也太有誠意了。」

　　上海微熱山丘目前販售的商品有「鳳梨酥」和「鳳梨汁」，都是從臺灣生產，空運配送，儘管售價比在臺灣買貴了一些，還是吸引了許多想家的臺灣人來找故

表參道微熱山丘店的小模型

整排長窗外的景色是店裡最奢華的裝飾

免費體驗的鳳梨酥與烏龍茶

鄉陽光的滋味。日本友人告訴我，家鄉的親友因為東京銀座店的開幕而認識了微熱山丘，所以他們要從上海買回日本當伴手禮。

近來，走進店裡的中國客人越來越多，有些人半信半疑的問：「這裡吃，真的免費嗎？」也有不少鳳梨酥饕客，邊吃邊討論：「微熱山丘、佳德、維格，吃起來感覺哪裡不一樣？」雖然沒有洶湧的人潮，但小金磚、原汁原味熬煮而成的鳳梨汁與臺灣服務的魅力，已藉由口碑在上海悄悄傳開。

今年夏天，我和好友 Peipei 陪伴遠從德國而來的親人 Karen 遊外灘，終點站來到微熱山丘，見她品嘗後讚不絕口，我開心的告訴她：「我以身為臺灣人為榮，雖然離家在外，但外灘上的微熱山丘就像是存在上海的臺灣窗口，用真誠的滋味與態度傳遞臺灣精神。」

相逢自是有緣，一杯馨香的臺灣烏龍和一塊真材食料的土鳳梨酥，免費奉送，只為結緣。就像我和 Mr. D，經常為移居上海的各國朋友義務提供生活張老師服務，不為所求，只為異域相逢的緣分，如果，有更多一點點的野心在裡頭，那就是替臺灣做好國民外交，用自己小小的力量證明：「Taiwan can touch your heart」。

DATA

微熱山丘

地址：圓明園路 133 號洛克 -- 外灘源女青年會大樓二樓／電話：6236-3300

陳列各種語言的時尚、藝術、飲食、攝影、文學書籍

Light & Salt

「光」的藝術文化與「鹽」的美食佳肴

回顧女青年會大樓的歷史，這曾是中華基督教女青年會全國協會 (YWCA) 在上海的會址。
YWCA 雖是起源於英美的國際性組織，且具宗教背景，但也積極對非基督徒婦女開放，
以促進婦女德智體群四育之發展，促進世界和平和人類發展貢獻等目標為宗旨。當時還特
別聘請了一位中國婦女丁淑靜女士擔任全國協會首任總幹事。

餐廳以女青年會首任總幹事丁淑靜女士而命名為 Ms Ding Dining

不只是餐廳，更被譽為上海最美麗的書店之一

整體空間以後現代工業風格設計

 推薦菜：

慢火五花肉沙拉
脆炸日本豆腐
西柚
檸檬油醋汁
味噌銀鱈魚佐紫薯泥
野生磨菇沙沙
石榴汁
慢燉帶骨牛小排
花生奶油塔

位於女青年會大樓六樓的 Light and Salt，不只是一家餐廳，更是融合了書店、藝廊、酒吧、文創於一體的生活體驗空間。熟悉聖經的人，對於光與鹽（Light and Salt）應該並不陌生。餐廳命名的靈感出自馬太福音，耶穌勉勵基督徒們要做「世界的光」、「地上的鹽」，既是生命的嚮導也是生活不可或缺，除了輝映著大樓過往的歷史，也藉由「光」比喻藝術文化，以「鹽」比喻美食佳肴。

為了替好友慶祝生日，我們相約於此共享午餐。踏出電梯門，服務人員帶領我們步向臨窗的方桌。Light & Salt 被分割成數個各自獨立的空間，其中餐廳就以女青年會首任總幹事——丁淑靜女士而名為 Ms Ding Dining。

整體空間以後現代工業風格設計，不修飾的裸露管線、石灰色的牆面，鎢絲燈泡溫暖的照亮深褐色的皮革沙發與木桌，金屬架上以透明玻璃瓶、高腳杯和舊式打字機裝飾。旁邊有座廣大的露臺，能眺望外灘江景、浦東天際線，也能俯視外灘源，聽聞遠處江上船笛嗚嗚響起，春寒仍料峭，但這美麗的景色令我們駐足良久。

餐廳旁的書店，才開幕不久就被譽為上海最美麗的書店之一，頂天立地的大面書架，羅列著各種語言的時尚、藝術、飲食、攝影、文學書籍。幾張桌子被書海環抱，坐著就能自在閱讀，遇見有緣的書冊，也能買回家。入夜之後，這裡搖身一變為

時尚又帶著文藝范兒的酒吧；穿過雙面鏡的祕密通道，還有個神祕的酒窖與酒吧，我的一位知名主廚朋友對 Light and Salt 的雞尾酒有著極高的評價。

由新華傳媒一手打造的新型態餐飲空間，連菜單的設計都宛若一部經過精心編輯的飲食手冊，「開胃菜」命名為「文藝復興」，主菜是「黃金時代」，而甜點則是「日落爵士」，讓三道式的套餐有了生動的起承轉合。餐廳主廚 Rafael 曾任上海知名的墨西哥餐廳 Maya 行政主廚，歷經十多年的海外遊學，他的料理強調中西交融、大膽而創新，重視味覺更講究視覺。

廣大的露臺，能眺望外灘江景、浦東天際線，也能俯視外灘源

開胃麵包烤得熱呼呼的，搭配的海鹽、奶油擺在有年輪的木板上。前菜似乎多了些日料的影子，「金槍魚刺身佐青豆薄荷沙沙」用厚切如骰子的鮪魚刺身，淋上日式醬料，「慢火五花肉沙拉‧脆炸日本豆腐‧西柚‧檸檬油醋汁」柔軟而甜的豬肉、酥脆而醇厚的豆腐和西柚果粒、檸檬汁的酸香，是種意外卻可口的創新組合。

慢火五花肉沙拉

開胃麵包擺在有年輪的木板

談到主菜，店裡最知名的一道菜肴是「味噌銀鱈魚佐紫薯泥、野生磨菇沙沙、石榴汁」。鮮嫩肥美的銀鱈魚，披著色彩紛呈的時蔬，櫻桃蘿蔔、小豆苗、番茄和蘆筍，底襯一抹紫色薯泥，盤中橫架了一枝紅色畫筆與一碟味噌，由吃的人隨濃淡喜好刷上最後一道風味的裝飾品，如同一場趣味的著色遊戲。「慢燉帶骨牛小排」，分量十足的慢燉牛小

慢燉帶骨牛小排

味噌銀鱈魚　　　　大米布丁

金槍魚刺身佐青豆薄荷沙沙

主廚特製生日
小蛋糕　　　　　　花生奶油塔

排，醬汁濃郁鮮甜，經過長時間慢燉已是入口即化，配上我最喜歡的芝麻菜，巧妙平衡了牛肉的油膩感。

　　就像首醉人的爵士樂，招牌甜點「花生奶油塔」灑上大量的碎花生，切開後是熱熱的巧克力，搭上冰涼的香草冰淇淋和濃醇的花生醬，這麼罪惡的配方，誰能抗拒呢？難怪這道甜品曾為餐廳獲得金獎。正當我們埋首在「大米布丁、糖煮大黃、脆皮香草條、野莓雪芭」的滋味裡，主廚得知今天座上有位壽星，特別在優水格起司蛋糕盤上，用了金色亮粉果泥寫上了壽星的名字和「Happy birthday」。五個情同姊妹的好友就在此時舉杯，祝福壽星擁有一切的美好，更為我們在異鄉相知相惜的緣分大喊 Cheers「謝謝 Light & Salt 見證了此時此刻」，提醒我們做彼此的光與鹽，互相啟發也滋養彼此。

DATA

Light & Salt on the Bund

地址：黃浦區圓明園路 133 號女青年會大樓 6 樓（近北京東路）

電話：6361-1086

營業時間：周一至周日 12:00 ～ 22:30

會福雍
The YongFoo Élite

雍福會入口

雍福會

中國第一會所裡的本幫菜

永福路上一道低調的窄門後，藏著「中國第一會所」——「雍福會」。之於上海，它是一個地標，一個讓世界窺視上海灘最頂級奢華樣貌的窗口。華爾街日報曾如此描述：「雍福會，讓你了解二、三十年代上海豪門的奢華生活。」

不僅中國菁英名流匯聚，許多中外巨星，法國總統夫人、西班牙王室等各國皇室貴族，和國際時尚圈最具影響力的 Icon，都曾慕名而來，在此參與宴會、舉辦派對。

這棟有著七十多年歷史的老洋房，先後隸屬蘇聯、越南、英國等三個國家的領事館，由於腹地廣大、維護不易，領館紛紛另覓他址，留下了人去樓空的孤寂。2001 年，華人第一代服裝設計師汪興政相中此地，在草木叢生的斷垣殘壁裡擘

聚德堂

畫了老樓重生的藍圖，如同打造一套高級訂製服，一磚一瓦都經過精工雕琢，一只簽了十年的租約，他用了三年來改建，只為重現上海十里洋場、中西交融的海派風貌。

才剛搬到上海，就常聽人說起「雍福會」，說它的雍容華麗猶如一座精品博物館，談論它講究的本幫料理，連燒菜的醬油都得自個釀。一篇文章裡如此形容：「雍福會，美得一塌糊塗，也

貴得一踏糊塗。」有多美？有多豪奢？讓人好奇。

因緣際會，結識了雍福會的女主人Lori，在她的盛情邀約下，我首次走進這個傳奇的「中國第一會所」。

入口的狹長小徑幽然寧靜，牆邊五米高的立體植被、盛開的花與從牆頂垂掛的各色布幔，隨風飄搖。興建於1930年的主樓「聚德堂」就在眼前，穿越綠意盎然、寬廣的中式庭園，是由汪先生後來新建的長廊舞臺「六藝堂」、雪茄吧「菜香書屋」與酒吧「密訓堂」。

汪先生出身金陵南京綢緞世家，五六歲就開始幫自己設計衣服。人說：「富過三代，方懂吃穿。」除了經營服裝品牌、餐廳，他更熱中旅遊與收藏，十多年來累積的近千件藝術精品、骨董，成就了雍福會的風韻與品味，是處允許賓客能近觀、撫觸、心神交會的骨董精品博物館。

Lori在酒吧——「密訓堂」迎接了我，這裡是會所裡女主人最喜歡的角落，「密訓」意指古代相夫教子、不與外人語的地方。古意的命名與古典的環境相襯，窗格鑲嵌著復古的彩色玻璃，牆邊有座1960年代生產的英國第一代骨董冰箱，原本用來擺放祭祀用品的木架改造成了吧臺。而這裡的藏酒幾乎都是她四處尋訪而來有年份、有故事的老酒，讓雍福會的酒單連年榮獲

百年廣玉蘭與庭園裡的骨董床

密訓吧前的五行造景

角落裏百年老鋼琴

清朝金絲楠木雕刻的珍貴骨董

菜香書屋

傳統戲曲表演廳 六藝堂

「中國最佳俱樂部酒單」大賞，世界各國酒莊的主人們，也因此願意親自帶著自信佳釀到此舉辦品酒會。

接著我們走到了只對會員開放，作為會員活動和私人聚會之用的雪茄吧——「菜香書屋」。屋裡一套 1960 年代綠色的 Gucci 骨董沙發，湯姆克魯斯、沙朗史東、成龍和張曼玉，先後坐過。角落裡擺了張兩進式的元代千金眠床，外頭配置兩張丫環椅，當會員有需要時，千金床也可以作為貴賓包廂。推開屋子的木門——一套珍貴稀有的紅樓夢十二金釵骨董門，屋外布置著低矮的石桌，天晴時，賓客常隨性席地而坐。

庭園中央的六藝堂，是經常演出中國傳統戲曲的表演廳與會員活動區。猶如清初江南大宅的廳堂，具有帝王氣勢的明代大門，上頭懸掛著明朝書法大師楊達所寫的匾額，擺設的琴桌、木屋、抱鼓石都是清朝的骨董。廳堂的屋頂是從浙江東陽搬運而來的清朝金絲楠木，栩栩如生地刻畫著人物故事、花鳥風光，運送時比照珍貴文物，先將上千件的零件拆解、詳細編碼，運抵後重組。

主樓聚德堂有三層樓，供應中西式餐點，花園露臺也提供下午茶，時尚界老佛爺 Carl Lagerfeld 曾在此宴請來自全球的賓客；Paul Smith 率領團隊前來為品牌拍攝照片，工作之餘，他曾獨自坐在主樓外一張骨董理髮椅上，沐浴陽光下靜思良久。

站在曾讓 LVMH 集團掌門人靜坐一整天的園林，熱愛大自然與園藝的 Lori 告訴我，多年來他和汪先生在中國各地找樹，帶回了百年雪松、雌雄青楓、百年廣玉蘭。隨著四季與節慶的變化，他們會選用不同色系的布飾、花卉布置，以既有的物件搭配節日氣氛的裝飾，在細微處低調而細膩的變換著樣貌。

一趟參觀之後，我們重返「密訓堂」午餐。頂級客層對於食物自有嚴格的要求，雍福會的第一代主廚丁永強是上世紀上海最出名的本幫菜大廚李伯榮的關門弟子。「醬油」是本幫菜的靈魂，餐廳以密製配方釀造醬油，也因此能做出別處吃不到的醬鴨、醬雞。即使是一把菜，也只取最好吃的 20%。這一天我們嘗了溏心蛋、醬鴨、熱嗆銀鱈魚和蛤蜊干絲，道道都是講究刀工與火功的功夫菜。

像是一場「遊園驚夢」，我在那個老上海風華絕代的大戶人家，亦真亦幻的穿梭著。雍福會雖採取會員制，也對一般消費者開放。想感受上海名流名媛的生活，不妨選擇午間套餐、下午茶時段和餐廳周期間，走進雍福會的大門體驗一回。

油爆蝦

熱嗆銀鱈魚

雍福會自釀醬油料理而成的醬鴨

蟹粉獅子頭

蛤蜊干絲

推薦菜：

醬鴨
熱嗆銀鱈魚
蛤蜊干絲
蟹粉獅子頭

DATA

雍福會

地址：永福路 200 號 (近湖南路)
電話：5466-2727、6471-9181
貼心叮嚀：人數少點套餐，四人以上點分享菜。

Farine

大排長龍的烘焙名店

Farine，難得一見的排隊麵包店。號稱有上海最好吃的法國麵包、可頌和各式法式甜點，

從早到晚，不分工作日、假日，很難不排隊就買到。好吧，問過我所有的歐洲朋友，法國、

德國、荷蘭、比利時，大家都同意 Farine 值得花點時間等待。

Farine 和武康庭裡最知名的前亞洲五十大餐廳得主 Franck Bistro 同屬一個老闆。Farine 在法文是「麵粉」的意思，店裡選用的都是有機栽種的進口麵粉、特殊品種的酵母與法式烘焙傳統的長時間發酵製作。無怪乎只要辦趴踢，歐洲的朋友都會來這買上兩條法棍，漂亮的褐色、酥脆的外皮，咬下後微鹹、柔軟又散發著濃濃麥香，搭配燻鮭魚、烤牛肉、起司醬，怎麼配都很搭，因為好吃法棍的方程式：外觀＋口感＋味道＋軟硬，缺一不可的條件，它都具備了。

熱門的品項還有各種口味的可頌，形狀飽滿油亮，買回家用烤箱稍稍加熱，從法國諾曼地進口的優質奶油，讓空氣中飄散一種幸福感十足的香味，用手撕開時就能看到質地柔軟、層層分明的酥皮，融合著香甜、淡淡的油滑與酥脆的口味，熱量？管不了這麼多。

不同的季節還有當季新鮮水果製作的蛋糕和水果塔，桑葚、杏桃、柳橙、蘋果、草莓、百香果檸檬、香蕉巧克力，五顏六色的陳列在玻璃櫃裡，每次來都要試上幾款。鹹派則是 Do-reo-mi 公主的最愛，一片要價 40 人民幣，偶爾買來當作好寶寶獎勵。

每年的一月，Farine 也會推出法國傳統的慶祝新年甜點「國王派」，小的 190 人民幣，價格實在太有王者風範。哪天，Mr. D 替我加薪的時候，我一定會來試試看。

 推薦菜：

法棍
可頌
水果塔
新年期間的國王派

可頌麵包

法蘭克特色麵包

夏季水果塔

DATA

Farine

地址：徐匯區武康路 378 號 1 樓（近泰安路）／電話：店家現不提供電話，曾經公布的電話，很少接通／營業時間：7：00～20：00／貼心提醒：2015 年中，浦東陸家嘴新店開幕，地址是世紀大道 8 號國金中心 B2

面向馬路的「Pistacchio 開心果餐廳酒吧」有座扇形露臺

Pistacchio 開心果餐廳酒吧

忠於原味、忠於傳統的北義南法普羅旺斯料理

假日裡的武康庭總是熱鬧非凡，面向馬路的「Pistacchio 開心果餐廳酒吧」有座扇形露臺，
坐滿衣著入時的各國型男潮女，瀏覽人來人往的風景，也享受著被欣賞的目光。

上世紀，這棟樓原是知名建築大師貝聿銘父親的家，也曾有過一段時間被改建為商務賓
館。

2013 年，「Pistacchio」保留了賓館大堂部分經典的建築元素，運用大片古舊的黑鐵老窗、以老木片拼成的地板、挑高的屋梁，打造出優雅中透露自然粗獷氣息的空間，主打北義與南法普羅旺斯的地中海料理、義大利進口起司、自製檸檬酒（Limoncello）與產自地中海沿岸的有機葡萄酒。

開幕以來，這裡已成為建築設計、廣告娛樂圈的人氣新寵，來過的藝人包括因琅琊榜紅透半邊天的胡歌、鞏俐、賴聲川、王偉忠和許多歐美的運動明星，最近還成為舒淇、彭于晏電影新片的拍攝場景。

「Pistacchio」是義大利文的開心果，盛產於地中海沿岸。長相討喜，白色的外殼開口笑，露出了青綠色的果仁，因為低脂、低卡、高纖而被譽為「皇家堅果」，也被視為「綠色食物」的代表。

菜單的封面，是封「來自餐廳主廚 Jose De Castro 的信」：「每一季的菜單，我們都盡可能選擇有機、永續、公平交易的食材，精心製作每一道料理與飲品。春天，天氣回暖，所有的蔬菜都棒極了，於是我們大量運用蘆筍，甚至自己採收蔬菜，在菜單裡有許多的驚喜，噓！」

這位濃眉大眼、極富個性的 Jose，曾於 Alain Ducasse 集團、Pavillion Ledoyen、Hotel Costes、La M • aison Blanche、Grande Cascade 等米其林知名餐廳工作，從巴黎到摩洛哥、莫斯科、巴西，落腳上海後在思南公館酒店 Aux Jardins 法國餐廳擔任主廚，2011 年獲雜誌評選為「年度最佳主廚」。

儘管熟悉精致的法式料理，他卻偏愛自然清新的地中海料理。自外於新進西餐業者紛紛訴求創意、前衛的潮流，Pistacchio 選擇忠於原味、忠於傳統的獨特風格，找尋健康、自然與優質的食材，以細膩的烹調手法製作，不做過度繁複的調味與盤飾，讓食物的原始之美得以表現。

店裡最具代表性的一道菜色——「小菠菜和聖丹尼爾火腿配炸脆水煮蛋」，先以鮮嫩的東北有機小菠菜，一片片環繞猶如綠色花萼，薄切的火腿巧妙堆疊其上就像粉色花瓣，選用的義大利聖丹尼爾火腿延續百年來的調味與製程，祕訣是

豬腿、鹽、空氣與時間，經過十八個月熟成，鮮香無比，畫龍點睛之作是中央的炸脆溏心蛋，酥脆的表皮豐富了沙拉的脆度，切開後流瀉而出的蛋黃帶來了柔滑的細膩口感。炸脆蛋看似簡單，卻是道工序複雜的菜。低溫慢煮的雞蛋，經過冷卻後，小心剝去蛋殼，沾上麵粉後，反覆沾裹蛋液、麵包粉，冷藏，上桌前嚴控油溫油炸 10 秒鐘。

由於擅長法式 fine dining，Jose 的幾道湯品做得細緻又優雅。像是酸甜度平衡得很好的「番茄濃湯」，搭配暗藏多種香料、蔬果的瑞可達奶酪，清新可人。還有需要至少七種魚、需時超過十六小時「馬賽魚湯」，以及每年秋冬才有的「大閘蟹法式海鮮湯」。手工自製的義大利麵，諸如「培根淡奶油白醬大片麵」、包著 Ricotta 起司和風乾番茄的「義式餛飩」，也因為帶有法式細緻特色的醬汁而比其他義大利餐廳更值得一試。

有趣的是，菜單上還隱藏了主廚在歐洲成長的回憶。「章魚腳」在歐洲原是昂貴的食材，一般家庭很少吃得起，只有在每個周末上教堂做禮拜後，教會會特別準備又香又Q的烤章魚。「碳烤新鮮大西洋章魚腳切片」是店裡的熱門菜，選用進口章魚腳低溫慢煮，丁香、月桂葉、胡椒調味，冰鎮一天後以鐵板微煎，再灑上西班牙辣椒粉、橄欖油。

餐廳主人 Bonnie，來自臺灣。從小跟著服務於外商銀行的父親，住過新加坡、香港、紐約、佛羅倫斯等城市，而有機會深入接觸亞洲、歐美等美食之都的佳肴。幾年前她原本在香港的金融圈工作，因為愛上品酒而決定轉行與好友經營餐廳酒吧，選在上海最新的時尚生活地標—武康庭，推出她念念不忘的地中海料理、乳酪、醃肉和葡萄酒。

為了設計能夠和菜色契合的酒單，她請到國際知名品酒師，也是人稱「有機葡萄酒大使」的 Jean-Marc Nolant 挑選 120 款產自地中海沿岸的有機葡萄酒，鎖定不使用殺蟲劑、人工化肥、低產量、手摘葡萄釀造的酒。Jean-Marc Nolant 說：「葡萄酒是文明的血液，它的 DNA 反映了一方風土的氣候、地理、文化以及人

類的傳承，用當地的酒才更能呼應地中海料理的美味。」

走進餐廳時，最引人注目的是白磚牆上，一層層裝在玻璃罐裡的自釀檸檬甜酒（Limoncello），特別找來威尼斯進口的檸檬，遵循義大利古老配方釀造，原本鮮黃的檸檬皮隨著時間的醞釀，慢慢釋出芳香，轉換成色澤金黃的酒液。義大利人喜歡在餐後飲用一杯味甜但稍烈的檸檬甜酒來助消化，當地還有一句諺語是這麼說的：「When life gives you lemons, make limoncello.」

這裡還有浦西最大的義大利起司房，共有 13 種來自義大利的起司。推薦半軟質的托瑪牛奶起司（Toma），帶有甜味、蔬菜和木質的香味，內部還有特殊的ＱＱ口感，古老的 Castelmagno 牛奶起司，口感細緻有濃烈的鹹味。當中最特殊的是 Ubriaco Veneto 紅酒起司，熟成時浸泡在紅酒裡，非常有層次，也適合搭配紅酒。

到了下午茶的時段，許多食客是為了「招牌舒芙蕾」而來。2013 年餐廳剛開幕，這款甜點就被英文版 Timeout 雜誌評選為上海第一的舒芙蕾，有開心果、咖啡、櫻桃、蘋果白蘭地等七種口味。非常善於籌備主題餐會的 Bonnie，不定期舉辦「Dinner for 25」和節日、季節性活動，有興趣參與，可在用餐時洽詢服務人員。

DATA

Pistacchio 開心果餐廳酒吧

電話：54109852 ／地址：徐匯區武康路 378 號 1 樓（近泰安路）／營業時間：周一至周日，11:00 至深夜／說明：書籍出版前夕，Jose 因為家庭因素已搬往其他國家，但他仍是餐廳顧問，主廚的經典菜將維持在菜單上。

推薦菜：

小菠菜和聖丹尼爾火腿配炸脆水煮蛋
番茄濃湯
Ricotta 起司義式餛飩
培根淡奶油白醬大片麵
碳烤新鮮大西洋章魚腳切片
舒芙蕾
甜檸檬酒

Ricotta 起司義式餛飩

小菠菜和聖丹尼爾火腿配炸脆

Timeout 雜誌評選為上海第一的舒芙蕾

培根淡奶油白醬大片麵

番茄濃湯

叮♪

aroom

am 12:00   pm 08:30

按下電鈴，等待走進 Aroom

Aroom

上海小文青咖啡館

泰安路上有片小看板，低調訴說圍籬後掩映著興建於近百年前的「衛樂園」，樂園裡沒有溜滑梯或摩天輪，而是由知名建築師打造的三十一棟歐式磚木混合花園洋房，住戶多是商界、文化界知名人士。

穿過小區拱門、轉個彎，就能看見一扇青綠色的鐵門，按下門鈴，等人開門才能走進這家非常有意思的咖啡館—— Aroom。

一對熱愛旅行的夫妻和名叫海明威的老狗，是 Aroom 的主人。未經粉飾只是刷上白漆的磚牆上，陳列著主人們旅行帶回來的記念品與回憶，像是明信片、舊皮箱、老唱盤、搖搖馬、打字機，和許許多多琳琅滿目、來自世界各地的小物，錯落有秩的擺滿四周，讓屋內的每個角落都像寫滿了值得閱讀的小故事。

窗明几淨的白色窗框，引來了撒落一地的陽光和綠意，桌上和牆邊布置了幾盞愛迪生鎢絲燈泡，鎢絲的型態各異，微微的亮著，構築成很迷人的線條。坐在這裡，讓人感覺被一片的溫暖與明亮包圍。店狗海明威雖然年歲已高，雙眼看不見，但牠還是能嗅出愛狗人的味道，在腳邊摩蹭招呼。

可以曬太陽發懶的門廊

咖啡

香橙戚風蛋糕

老狗海明威

推薦菜：

優閒下午茶，
口感與感知的
好去處

粉筆菜單

店主的旅行紀念

這裡雖是間咖啡館，但菜單上的咖啡、茶、飲品、甜點和葡萄酒的選擇不多，風味也十分家常、簡單。我想來到這，與其說是來喝杯咖啡，不如說是在喧囂的上海，找一個溫暖、充滿感情的小角落，讓自己沈澱。我最愛它的地方就是那分難得的靜謐，按了門鈴走進來的客人，或是戴著耳機、或是低頭敲著電腦鍵盤，即使是聊天的客人也用著低低的音量交談著。

經常我在 Aroom 度過，寧靜的夏日午后。

♛ DATA

Aroom

地址：徐匯區泰安路 120 衛樂園 15 號（近華山路）

電話：5213-0360

營業時間：12：00-20：30，周一休息

PART 4

世界級的最佳餐廳與

米其林星級廚師的餐廳

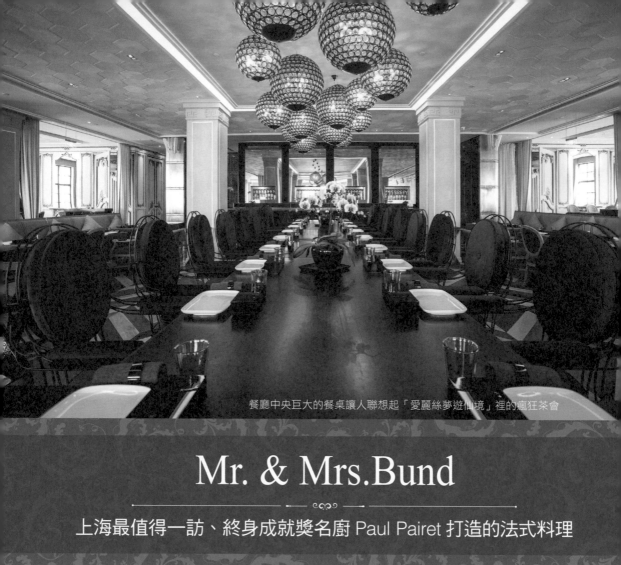

餐廳中央巨大的餐桌讓人聯想起「愛麗絲夢遊仙境」裡的瘋狂茶會

Mr. & Mrs. Bund

— ✦ —

上海最值得一訪、終身成就獎名廚 Paul Pairet 打造的法式料理

2013 年首屆「亞洲 50 最佳餐廳」在新加坡舉行頒獎典禮，來自法國的 Paul Pairet 無疑是當晚最受矚目的主角。他在上海所經營的兩家餐廳──「Mr. & Mrs. Bund Modern Eatery」和聞名全球的超感官餐廳「Ultraviolet」，分別獲得第 7 與第 8 名，而 Paul Pairet 個人，更榮獲首屆「終身成就獎」，以肯定他在亞洲所帶來的領導性影響，與獨樹一幟、創新前衛的廚藝。直至 2015 年，這兩家餐廳已連續三屆蟬聯亞洲 50 大餐廳榜單，甚至名列全球前 50 最佳餐廳。

有人以「鬼才廚師」來形容 Paul Pairet。

Pairet 在學生時期即大量涉獵科學。就讀酒店
管理學校後,他首先在巴黎多家頂級餐廳展開廚師
生涯,之後轉戰香港、雪梨、雅加達等亞洲城市。
重返巴黎後,他在 Café Mosaic 的料理備受矚目,
食評甚至將 Mosaic 與 Alain Ducasse 的 Spoon 相提並
論。Pairet 的廚藝於焉受到廚神 Ducasse 的青睞,還
為他安排前往伊斯坦堡的麗池卡頓酒店 Cam 餐廳工
作。

袋裝黑鱈魚

Pairet 於 2005 年到了上海,在浦東香格里拉
酒店的翡翠 36 展開他在中國的歷險,除了將這家
法式餐廳推向高峰,他也經常受邀在全球的美食高
峰會演說。

2009 他在外灘 18 號創立了 Mr. & Mrs. Bund。
以「Simplicity」與「Popularity」為核心概念,運
用極簡卻極致的手法闡述法式經典與新式料理。事
實上,它也是 Pairet 獨特經歷的結晶,融合了他出
生法國、周遊世界的背景與無可救藥完美主義的個
性。

Mr. & Mrs. Bund 有一扇很小、紅綠雙色拼接的
門,與它的名氣似乎毫不相襯。門是掩著的,你必
須敲敲門等人來開,或是自己推開。當門打開,背
後是個奇幻的法式料理殿堂。一列 over-sized 紅色
絨布圓頂沙發,餐廳中央有張巨大的餐桌,被一整
排璀璨球形燈飾映照著。讓人聯想起「愛麗絲夢遊

松露原味麵包

胡椒醬澳洲特級肉眼牛排

火腿芝士通心粉

仙境」裡那場瘋狂茶會，並期待著掉進洞口後的那
一趟夢幻旅程。

穿著白襯衫、吊帶 Repley 牛仔褲的服務員送來
菜單，厚厚一本，兩百多道料理，讓人應接不暇。
即使來了好多次，菜單上那些標示著「PP」主廚獨
創菜、「紅色&」最熱門料理與「綠色&」次熱門
料理，還沒有全部嘗遍。

揭開序幕料理的是，招牌鬍子造型和烤出網線
的厚片餐前麵包，還有裝在半掀開罐頭的「鮪魚慕
斯」，輕盈如空氣、散發著芥末與檸檬草香氣。

餐前的分享點心，首推「原味烟熏三文魚」，
以中國特有的茉莉香片煙燻製成的鮭魚，散發著淡
雅的茉莉清香，搭配的佐料十分豐富，有切碎的
蛋、酸豆、紅洋蔥、山葵、香蔥酸奶油等九種。

「鴨肝清淡奶酥糕」，盛裝的碗底層是鴨肝幕
斯、疊著蘋果果凍、葡萄乾、芫荽、巴薩米酒醋和
榛果奶酥。清爽的鴨肝，有了果乾的甜、堅果的脆、
酒醋的酸和特意烤得焦香的麵包，變得層次豐富、

美味極了。看似平凡的「野餐雞肉佐蒜泥奶油醬」，先將雞胸以低溫慢煮再經過炙烤，鮮嫩又多汁，搭配的蒜味醬相當獨特。

　　Paul Pairet 的原創菜「罐蒸大蝦」的上場是場小小的高潮。瀰漫著檸檬草熏煙的玻璃罐，將大蝦的鮮甜、柳橙、香茅、陳皮、檸檬的果香鎖在一起，掀開瓶蓋，服務員會讓食客輪番呼吸瓶中的氣味，之後將蝦切成四分，吃的時候沾上醬油、魚露、蒜糖調味的醬汁。小小的一口，卻能嘗到爆發的味覺。

　　另一道原創菜「松露原味麵包」幾乎是每桌必點。經過烘烤的方形麵包，上面排列著薄切的松露，頂端是一層像雲朵般的檸檬松露奶油泡沫底部酥脆，隱藏在最下頭的麵包暗藏玄機，接近泡沫那端先浸淫在檸檬奶油醬，微軟而香，底部依然酥脆。咬下好像坐進了松露泡泡飄了起來，太療癒了。

　　主菜登場。鱈魚是華人再熟悉不過的海鮮，Pairet 獨創的「袋裝黑鱈魚」卻賦與它新的風貌。以防熱袋裝、融合了廣式醬料，文火蒸煮而成的鱈魚，軟嫩的像豆腐般，服務員在上菜時會將袋剪開，鋪在帶有白飯的大碗中，湯汁裡有著醬油、麻油、松露油、柳橙、薑等香料的氣味。

　　主廚獨創「醬燒牛長小肋排」，看到它的分量十足會忍不住「哇」的驚嘆，以照燒醬、橙汁醬醃

鴨肝清淡奶酥糕

罐蒸大蝦

野餐雞肉佐蒜泥蛋黃醬

🍴 推薦菜：

鴨肝清淡奶酥糕
野餐雞肉佐蒜泥奶油醬
罐蒸大蝦
松露原味麵包

製後燒烤，表面焦香酥脆，肉汁飽滿，連骨的部位是最好吃的部位。雖是推薦兩人食用，以女性的胃口來看，三四人分享足夠。

這一餐的煙火秀是甜點「檸檬塔」。看似完整的檸檬，糖浸 72 小時後帶著閃耀的光澤，經過多到工序製程，切開後，中央是酸得極致的檸檬雪酪、葡萄柚、檸檬、柳橙等柑橘果肉、和微甜的檸檬奶凍，融合的如此完美的味道，嘗過之後讓人念念不忘。

Mr. & Mrs. Bund 對傳統的顛覆不只在料理。不若傳統法國料理一道道上菜，採取了與中餐更相似的程序，餐桌的擺設、定製餐具與餐車，到工作人員上菜的方式，都為分享式的料理而設計。Pairet 提到，1970 年代以前的法國料理，上菜方式與中餐一樣，都是同時上菜、與同桌者分享的。

2015 年春天，經過數月的裝修，Mr. & Mrs. Bund 以全新面貌重新開幕。一改裝修前神秘昏暗的氣氛，全新的環境，換上活潑的灰白色調、燈光

檸檬塔

熔岩巧克力

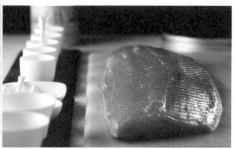

明亮，搭配 Sennheiser 音響，帶動一室的輕鬆與優雅的氣氛。廚房裡更是大幅翻新，Miele 的廚具、烤箱中的勞斯萊斯—Convotherm, 和主廚設計的瓷盤系列。

　　結帳時，服務員問我們是否滿意今晚的菜色之後，聊起了她心目中的 Paul 主廚，她用「料理天才」來形容自己的老闆，談起主廚長期駐店的 Ultravilet 更是興奮的描述起顛覆傳統、讓客人又驚又喜的美食奇幻旅程，聽說預約已經滿到三個月之後，Mr. D 和我已經在商量甚麼時候能結伴同行呢。

DATA

Mr. & Mrs. Bund

地址：中山東一路 18 號外灘十八號六樓 (近九江路)

電話：6323-9898

營業時間：晚餐：周一至週五 5:30-22:30

　　　　　消夜：周四至周六 23:00-2:00

　　　　　早午餐：週六週日 11:30-14:00

貼心提醒：餐後記得往上爬一層樓，Bar Rouge 擁有無敵的寬廣露臺，能飽覽外灘景色。

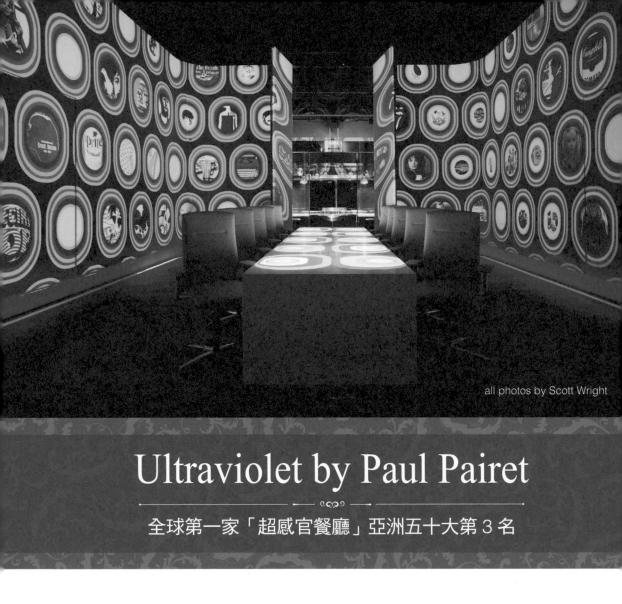

all photos by Scott Wright

Ultraviolet by Paul Pairet

全球第一家「超感官餐廳」亞洲五十大第 3 名

Ultraviolet 自成一格，無法被歸類，因此人們稱它全球第一家「超感官餐廳」。 2013 年起連續三年獲得亞洲最佳 TOP 50 餐廳稱號，排名中國大陸第一。

　　主廚 Paul Pairet 歷時十五年構思，用二十道菜訴說故事，將美食與多重感知科技相互結合，每一道料理都依其味覺，藉由燈光、音效、樂曲、香氛和流動的空氣，量身訂製一個全面衝擊五感的氛圍。圍繞著「心理味覺」的作用，在味覺之外，感動食客的感官認知，創造出更強烈、饒富趣味、顛覆想像與更具互動性的用餐體驗。

　　這場前衛、奢華、私密的創意饗宴，每晚只接待十位客人。它的地址是個祕密——上海某處，僅能透過官方網站預定，食客每晚在外灘 18 號集合，由穿著黑衣戴墨鏡司機所駕駛的巴士接送，穿越老城區後抵達目的地，既神祕又令人充滿遐想。

　　故事的序曲是這樣的。當車子停在看似破敗的工廠，大門敞開，裡面空無一人，只有一張全白而素淨的桌子。轟然鑼響後，倒數計時，畫面出現阿波羅登陸月球的壯舉，突然間，停電了，四下漆黑。房間變冷，狂風大作，桌子發出白色

的亮光，第一道菜「帝王魚—蘋果冰山」上菜。全長四小時的晚餐，仿若一場舌尖上的駭客任務般超現實，餘下的章節，我期待很快的將來能親臨其中。

2012年5月開幕的UV，預定需要等候三個月，體驗「心理味覺」，傾眼耳舌身心意沉溺於一場饗宴？Paul Pirate說：「想像力是放大鏡，能將胃口轉化成渴望。」

Ｘ推薦菜：

帝王魚
蘋果冰山

♛ DATA

Ultraviolet by Paul Pairet

定位官方網站：www.uvbypp.cc
費用：平日人民幣 $4000，
　　　周末人民幣 $6000

Mercato by Jean-Georges

米其林三星大廚的義大利餐廳

Jean Georges Vongerichten，世界最富盛名的米其林三星大廚，也是打造出全球九大城市二十家餐廳美食帝國的成功經營者；上電視、出食譜，影響力遍及各國。他在紐約中央公園旁的餐廳，政商名流、明星雲集，並且，一位難求，電視影集《慾望城市》莎曼珊Samantha 為了誇耀男友身分地位時，還特別強調「他，到 Jean Georges 餐廳是不需要預約」。

　　當我閱讀關於名廚的新聞發現，Jean Georges 與亞洲的緣分甚深。早期曾在曼谷、新加坡、香港工作多年，妻子是韓裔，哥哥的老婆來自臺灣。也許是對上海情有獨鍾，他在外灘 3 號樓一共開了三家各具特色的餐廳。四樓是他來到中國的第一家餐廳—— Jean Georges 同名法式料理，六樓 MERCATO 是義大利菜，二

臨窗座位的江景　　　　　　　　桌位

樓則是 2014 全新開幕的韓式創意料理 CHI-Q。

　　其中 Mercato 從 2012 年開業至今，一直是外灘人氣最高的夯店之一。身邊一堆愛吃的朋友，挑剔的資深老饕、貴婦團，甚至是孩子們，對它一致好評。於是，特殊節慶、紀念日，Mercato 就成了最佳選擇。

　　今年的結婚周年，我們一家三口選在周末夜晚在此慶祝。

　　接待服務員親切的問候，帶領我們從入口走向餐廳裡據說「最棒的位子」。時間是傍晚五點半，門邊的第一個區域是酒吧，幾張外國臉孔三三兩兩的倚在長吧喝著雞尾酒、低聲交談。豐富的義大利酒藏、琳琅滿目的各色調酒、威士忌和雪茄，在為夜晚的到來暖身。

　　義大利文 Mercato 意指「菜市場；市井」，餐廳由獲獎無數的 Neri 琅 & Hu 營造出時尚卻質樸的 Farm Chic 調性。上千平米的開闊空間，裸露的天花板，金屬鋼梁，儲物架上隨興陳列著造型各異的瓶罐，一盞盞玻璃燈，如同溫暖明亮的市場街燈。這裡、那裡，不經意地用新鮮的茄子、紅辣椒、柳橙、荷蘭芹點綴著。

　　中央的 Pizza Lounge 像個平面小舞臺，木頭在窯裡燃著熊熊烈火，一整排穿著白色制服、綁黑頭巾的廚師，低頭忙碌料理。圍繞工作平臺，是為單身或兩三人的小聚會所安排的座位，有點吃日料坐板前位的意味，能近距離直擊披薩製作的過程。

　　一路走，處處風景，已經拍了不少照片。終於來到窗邊一張四人桌椅，東方明珠塔和外灘的景致，好整以暇的落在窗外正前方。來自蘇格蘭的服務員用迷人的腔調說：「Tonight you have our best seat, enjoy！」

　　菜單並不複雜，三頁版面羅列了刺身、前菜、木炭烤披薩、手工義大利麵、烤海鮮、鄉土風味、主菜、配菜等選擇。

　　第一道前菜是「自製奶油起司配蔓越莓醬、橄欖油和香烤麵包」，home-made Ricotta cheese 與蔓越莓果醬，圍繞成乳白、鮮紅交織的雙色圓圈，灑滿褐色的香料與橄欖油。Ricotta 起司輕柔地像朵雲，吻在舌頭上留下淡淡的乳清甜味和香草的餘韻，捨不得抹在麵包上，一匙匙的抿著，直到刮不起來，只能用麵包沾到一滴不剩。

　　「溫熱海鮮沙拉配牛油果檸檬和荷蘭芹」，在一攤翠綠青葉底藏有微熱鮮嫩的干貝、章魚、花枝、蝦子、蚵蠣和厚厚的酪梨，保有食材的海洋原味，以檸檬、荷蘭芹、迷迭香提鮮。酷愛義式餃的 Mr.D 很喜歡「龍蝦和蝦仁餃子橄欖油檸檬和香草」，四個透出淡橘色的 Ravioli，上面綴滿各種綠色香草，餃子皮帶著嚼勁，內餡的龍蝦與蝦仁與檸檬微酸而鮮香的佐料醬汁十分和諧。

　　當冒著熱煙的「黑松露三種起司有機雞蛋」上桌的時候，空氣裡香氣四溢，Do-Rei-Mi 興奮的笑了，「黑松露跟起司的味道好香喔！」餅皮有點胖嘟嘟的，邊緣烤得微焦，鋪滿了黑松露和融化的馬拉瑞拉（Mozzarella）、芳提納（Fontina）等起司。大口咬下不僅能嘗到 toppings 的滋味，揉進大量香料的麵糰同步帶來了很有層次感的味道，不特別筋道、不特別柔軟，Jean Georges 曾用「輕柔得像空氣一般」（Light as the air）來形容 Mercato 的木炭烤披薩，實在是很貼切的比喻。

　　「酥脆牛肋排炸玉米條煙熏辣椒紅酒醬」，是以小火慢燉五小時之後油炸 20 秒，附著在長骨頭上的肋排非常入味、肉質軟嫩，表面那層酥脆的煙熏辣椒紅酒焦糖是最大亮點，完全擄獲肉食動物的芳心。

　　整理了桌上的餐盤後，服務人員在我們

餐廳裡以色彩繽紛的新鮮蔬果點綴

自製奶油起司配蔓越莓醬

黑松露三種芝士披薩

龍蝦和蝦仁餃子橄欖油檸檬和香草

酥脆牛肋排炸玉米條煙熏辣椒紅酒醬

餐廳為慶祝週年慶客人提供的蛋糕

毫無心理準備的情況之下，端出點著蠟燭，寫有「Happy Anniversary」的甜點。剛才那位蘇格蘭的型男服務員伸出手邀請 Do-Rei-Mi 到 open kitchen 參觀，隔著玻璃窗，人數眾多的團隊正有條不紊工作著，儘管韓裔美女主廚 Sandy Yoon 返美休假，由紐約團隊研發的菜單、制定的標準流程，依然嚴謹的執行著。

Jean Georges 曾在受訪時提到：「對我來說，客人們在看到我的菜時能露出驚奇的表情，吃完能留下滿意的笑容，比什麼都讓我滿足。」在這個特別的結婚紀念日，我們一家人在美景、美食和完美的服務中被幸福擁抱，留下滿意的笑容。希望不久的將來，等大師再度蒞臨上海，我們能有幸品嚐他親自坐鎮的料理。

✗ 推薦菜：

自製奶油起司配蔓越莓醬
黑松露三種起司披薩
龍蝦與蝦仁餃子橄欖油檸檬和香草
酥脆牛肋排炸玉米條煙熏辣椒紅酒醬

DATA

Mercato by Jean Georges

地址：中山東一路 3 號外灘 3 號 6 樓（近廣東路）
電話：6321-9922
營業時間：17：30pm-01：00am
貼心提醒：雖然事先不能指定座位，訂位時能預先告知
　　　　　有特殊慶祝並可以五點半到六點之間到的話，
　　　　　被安排在窗邊第一排的機會較大。
Earlybird 分享菜單：5：30～6：00 兩人以上同行，可
　　　　　　享有季節菜單優惠，每人 198 元人
　　　　　　民幣。共有三個私人包廂。

餐廳後半部
的吧臺餐區
Kitchen bar

二樓的酒吧
Cocktail bar

極簡而粗獷的風格

昔日的派出所
紅磚樓有個開
闊的中庭

The Commune Social 食社

主廚在身邊的 Brunch by 英國最有創意的主廚 Jason Atherton

Jason Atherton ——米其林一星主廚，同時被譽為英國最有創意的廚師，繼 Table No.1
之後，在上海開了第二家餐廳——食社（The Commune Social），甫開幕就已經得到幾
家專業媒體給予五星評價。Jason 的創意不僅發揮在餐桌上精致烹調的 Tapas 料理，更
流露在用心打造的用餐環境，從昔日的派出所紅磚樓，蛻變為極簡而潮的空間，來自英國
的主廚、調酒和甜點主廚，不做藏鏡人，穿梭在桌邊輕鬆的與客人交談，形成了料理人與
食客能輕鬆交流的獨特氛圍。

菜單共有「食、肉、蛋、烤、海、菜」六類，選擇約近三十道，就在一張餐墊紙上一目瞭然。

　　「干貝沙拉」是今天第一道甦醒星期天賴床味蕾的選擇，排盤猶如小清新的春日花園，薄切的蘋果、櫻桃蘿蔔和微酸的柚子醬，襯得極嫩的干貝更加鮮甜。

　　「椒鹽墨魚」裹著薄麵衣炸出輕脆的外皮，墨魚新鮮帶嚼勁，單吃已夠味，搭上綠色的辣椒切片，或沾上蕃紅花墨汁蒜茸醬，形成了兩種活潑的風味。

　　「鹽焗甜菜根」組合了紅黃雙色的甜菜，烘烤帶出了甜味並淋上蜂蜜醬，馬芝拉起司藏在蘿蔓葉下，一旁看似雪白的粉末，嘗起來卻有酥脆的口感，原來是打碎的杏仁、松子與鹽。

　　「炭烤伊比利豬肉鵝肝漢堡」迷你如嬰兒手掌，來自西班牙的豬肉疊著鵝肝，一口咬下鮮美的汁液流洩而出，釋放出溫柔的香氣，小皿裡墨綠的沾醬同樣讓人驚豔，如同慕斯般順滑，融合酪梨、哇沙米、黃瓜、味噌調成，明明是配角，但出色到我用湯匙吃到一抹不留。

　　餐後，服務員請我們移座別區，原來除了用餐時主廚 Scott 會親自送上幾道菜肴外，這裡另一個特色是 Dish-up sweet bar。來自南非的甜點主廚 Kim 帶著盈盈的笑容出現，在吧檯裡先是端出了酒紅色的雪酪棒棒糖，是非常成人的紅酒、八角口

甜點吧 Dish-up desert bar

大麥海鮮飯

鹽焗甜菜根　　　　　干貝沙拉

味。得知我們因為 H7N9 不吃蛋，推薦了香茅果凍佐蜜漬鳳梨和椰子奶霜，一層層的組合也一邊介紹料理的特色。漸漸聊開後，Kim 甚至走出吧檯示範店裡特別設置的「自拍專用鏡子」。

一頓周日的 Brunch，來自東京的米其林公主、臺北的擬空姐和吃的巧三人，邊吃邊聊三個多小時還捨不得離去。食社，是一個有趣的兩層樓飲食空間，來客可以坐在 Kitchen bar 觀賞主廚料理、Cocktail bar 喝調酒主廚特調酒，倚著吧檯或走上露臺在搖曳的梧桐樹下談天、Dish-up sweet bar 嘗現場排盤點心，或只是在中庭露天座位曬太陽。南京西路商圈一向是上海的時尚指標，多了食社這個新角落，潮味又更添一筆。

冷切肉

推薦菜：

干貝沙拉
椒鹽墨魚
鹽焗甜菜根
炭烤伊比利豬肉鵝肝漢堡
大麥海鮮飯

椒鹽墨魚

碳烤伊比利豬肉
鵝肝漢堡

曼徹格芝士伊比
利火腿烤吐司

桑格利雅

DATA

食社 The Commune Social

地址：江寧路 511 號（近康定路）

電話：6047-7638

營業時間：周二～周五中午 12：00～14：30，
　　　　　晚上 18：00～22：30，
　　　　　週六週日中午 12：00～15：00，
　　　　　晚上 18：00～22：30
　　　　　周一公休

貼心提醒：本店不接受訂位

PART 5

味蕾的

萬國博覽會

義大利 ■■ 木炭披薩餐廳酒吧

D.O.C GASTRONOMIA ITALIANA

上海最道地、好吃的義式窯烤披薩

2013 年才開的 D.O.C，由知名的義大利主廚 Stefano Pace 領軍，原汁原味重現義式家常料理，是許多外國朋友公認上海最好吃的 Pizza，不分早晚總吸引了一屋子的老外來解鄉愁。

寧靜優閒的東平路，曾有許多歷史名人如蔣介石、宋美齡、宋子文等在此居住，儘管全長只有四百公尺，每走幾步就能找到一家熱門餐廳、咖啡館，像是街頭的 Green & Safe、Zen Café 和街尾的 D.O.C。

這幢兩層樓的磚瓦小洋房，白天是間有個性的披薩屋，滿室明亮的陽光，人少也清幽些；華燈初上之後，D.O.C 變身迷人小酒館，幾乎天天座無虛席，醉人的昏黃燈光和敞開落地玻璃窗的半開放空間，不斷流洩出各國語言交織的鼎沸人聲與新鮮出爐披薩的香氣。

從大門走進餐廳就能看見開放式的廚房，長長的吧臺堆滿或長或短的法棍和胖胖的全麥麵包，下層是用方方的牛皮紙袋整齊排列的餐前麵包。向裡望，從義大利運來的磚砌烤爐烈火熊熊，廚師不斷送出散發誘人香氣的現烤披薩。吧臺的

 推薦菜：

碳烤披薩囊式沙拉
聖丹尼爾火腿披薩
披薩

另一端是各種顏色的調酒、用紅番茄堆疊成的小山、麵粉袋和起司塊，宛如義大利街邊的小市集。

室內裝潢呈現粗獷的工業風，外露的水管其實是壁燈，裸露的水泥牆面和仿照產品廣告的大壁畫，營造出輕鬆、不矯揉做作的時尚風格。連用完的大尺碼番茄空罐頭都拿來擺放餐具和調味瓶，許多角落不經意地透露著正宗的義大利血統。

桌上的餐墊就是菜單，設計簡潔明瞭，一張紙正反兩面中英文對照，菜色豐富，從前菜、沙拉、油炸物、木炭披薩、義大利麵、大盤烤肉與海鮮到甜點都有，除了各款菜品的主要食材與做法做了說明，菜單上也特別介紹了餐廳名字的由來。D.O.C 是「Denominazione di Origine Controllata」的縮寫，代表義大利食品產品的品質標籤，尤用於酒類和起司，要求該食品在特定原產地以指定方式製成，符合規定品質要求。像我這樣電腦用久的人，起初還以為店名是個 word 文字檔，大誤啊。

在服務生的推薦下，我們點了「第一次來必試」的「碳烤披薩囊式沙拉」（Saltinbocca Salad），說是沙拉，咦？上菜時看不見任何蔬菜，這外型像座小火山，頂部有個凹陷口的囊狀披薩，得掀開蓋子才能找到藏在下面的新鮮金槍魚、羊奶起司、櫻桃番茄、牛油果、橄欖、有機溏心蛋、蘿蔓生菜。吃的時候撕下一點餅皮、擺些喜歡的配料，好有趣。

　　身為芝麻菜加起司控，「芝麻菜沙拉」完全是
我的菜。微苦微辣的芝麻菜葉，拌入香梨片、蜂蜜
松茸，淋上大量酒醋，形成彼此和諧的酸、甜、
苦、辣。除外，沙拉的另一亮點是加入「薩丁島
DOP 佩科里諾羊奶起司」。薩丁島是全球知名的長
壽村，每十萬人當中就有二十二個百歲老人，是全
球比例的兩倍之高。據說居民長壽的祕訣來自天氣
與食物，而佩科里諾羊奶起司就是當地最具有代表
性的美食。

　　店裡最受歡迎的披薩是「聖丹尼爾火腿」，簡
簡單單的配料，番茄、水牛起司和火腿，襯托著躲
在底下的美味祕密。為了複製出和家鄉披薩一模一
樣的味道，主廚選用義大利進口麵粉混和普娜礦泉
水製成麵糰，全程以手工揉製後送進磚窯，以櫻
桃、蘋果、杏桃三種果木柴燒，在乾柴與烈火的催
生下，披薩麵團施展魔法，瞬間轉成金黃色澤，薄
餅皮邊緣酥脆，中間蓬鬆軟Q帶著嚼勁，咬下時吃
得到麥香也聞得到果木香。

　　還有一款中文就叫「披薩」的 no name 披薩，
不知道是想不出中文名字，還是主廚希望客人一眼
相中他的得意作品。和普通披薩不同，餡料被包在
餅皮當中後對摺，形狀像輪半月，邊緣輕輕折出漂
亮的紋路，我覺得像趴踢用的手拿包，切開後裡頭
有濕潤而牽絲的水牛起司、自製乳清起司、嫩菠
菜、又鹹又香的摩泰臺拉火腿和 Vetricinia 香腸。

菠菜沙拉

碳烤披薩農式沙拉

no name 披薩

餐前麵包

烤製披薩專用的櫻桃
蘋果、杏桃果木

D.O.C 的義大利麵都是手工製作，現點現做，提拉米蘇、檸檬塔等甜點也很道地。

一邊研究菜單，我不禁猜測主廚是個愛玩披薩變形遊戲的高手。用披薩包生菜沙拉、拿披薩來油炸，把披薩做成各種形狀。難怪主廚 Stefano Pace 經常在臉書上留言「We look forward to share the 『OUTRAGEOUSLY ITALIAN』experience with you at D.O.C」。

每次來，吃美食之餘，最大的樂趣就是偷偷觀察外國客人，不分男、女，連身材苗條的辣妹都是一人點上一整個披薩，自己吃自己面前的，佐著酒，慢慢聊、慢慢吃。坐在一群大胃王中間，Peggy 的大食怪本性就無處掩飾，不好意思，這個披薩是我的。

DATA

D.O.C GASTRONOMIA ITALIANA

地址：徐匯區東平路 5 號之 2（近岳陽路）
電話：6473-9394
營業時間：中午 12：00 ～ 15：00
　　　　　晚上 17：30 ～ 22：00

法國 ▪ Le Bordelais Wine Bar

5000 瓶波爾多佳釀輕鬆美味的法式小酒館料理

仿造酒莊挑高的夾層走道

紅酒間的時尚空間

隨酒杯送來的酒卡介紹葡萄酒的名稱、產地、葡萄品種與風味

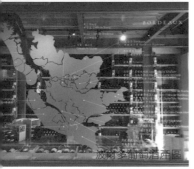
波爾多葡萄酒產區

推薦菜：

俱樂部三明治
松露火腿通心粉
紅酒烤春雞

這個城市有許多角落，會讓人瞬間遺忘自己置身上海，就好像我的祕密酒窩——Le Bordelais Wine Bar。

嘉善路上一幢獨棟雙層洋房，門前矗立著比人還高的葡萄酒瓶。穿越它，就像穿越了一扇任意門，踏進法國西南部的波爾多。被世人稱做「世界葡萄酒中心」的波爾多（Bordeaux），是全球最大的美酒之鄉，年產七億瓶葡萄酒，波爾多的酒口感柔順優雅，素有「葡萄酒之后」的美喻。

拾階而上，樓梯兩側張貼著美麗的圖片，飽滿肥美的紅白葡萄、波爾多特有的中古世紀城堡，壁面和屋頂刷著酒紅的色彩，就像璀璨的陽光灑落在豐收後的莊園。步入二樓，仿造酒莊打造的空間，挑高的屋梁與圓窗喚來了一室的暖陽，黑白相間的方格磚，木質調的桌椅，葡萄酒桶和巧妙置入的酒瓶裝置，伴隨著耳畔的香頌曲調。我幾幾乎乎要相信自己已經來到法國。

在上海複刻出這個迷你版波爾多城市縮影的是餐廳主人—— Frank Boudot。他有個很可愛的中文名字，富伯。雖然個子不高，笑起來的聲音卻十分宏亮，就像把酒栓「啵」一聲打開，帶動了一室熱鬧的氣氛。旅居中國多年，曾在知名餐廳擔任主廚和行政管理多年，對於法式料理和紅酒都有著相當的熱情。這家餐廳是他的夢想，在中國打造一個波

爾多產區概念的葡萄酒吧。

這裡的菜單只有兩頁，食物和酒各一張。

主廚出身的 Frank 對於菜單的設計很簡明扼要，開胃菜、沙拉、供分享的冷盤、三明治、通心粉、奶酪、主食和甜點，都和葡萄酒的來電指數超高。通常，我會點上一份五款切肉的冷盤，還有加入松露的俱樂部三明治、灑上大量芝麻菜的松露火腿通心粉、佐紅酒汁的烤春雞。儘管走的是小酒館的路線，料理的風味和精緻度還是很令人滿意的。

酒量不夠好的我，先給胃墊墊底之後，就可以翻開酒單放心開喝了。餐廳的盡頭陳列著 5,000 瓶來自波爾多各個產區的干紅、干白、桃紅、甜白、氣泡葡萄酒。除了酒單上能單點的杯裝酒（120ml）之外，牆上還有從 7,800 個波爾多酒莊挑選出來的 50 多款瓶裝葡萄酒，每款都清楚的標示酒的年份、葡萄品種、產地、風味與個性和價格。

不管是杯裝或瓶裝，服務人員都會附上一張名片大小的酒卡，酒瓶的照片、名稱、葡萄品種、色澤與風味，一目了然。帶著履歷表的葡萄酒，輪廓變得清晰，也更令人印象深刻了。即使是酒器也十分講究，盛裝甜白酒的杯子，杯底圓滾滾的，輕輕一碰就在桌上扭腰擺臀，饒富趣味。

坦白說，我很羨慕 Frank 的工作。透過持續的試飲，他大約每一到兩個月會更新酒單，由愛酒的人來發掘尚未聲名大噪的佳釀，就像酒界的星探一樣有趣。

受到波爾多酒行業協會（CIVB）的支持，這裡的酒都由餐廳獨立進口，價格也相對親民。杯裝酒從人民幣 $45 ～ 80，瓶裝酒從人民幣 $178 起跳，多半落在百元價位，也有近五千元的選擇。

冷切肉

三文魚沙拉

生牛肉塔塔

紅酒烤香雞

時間允許的時候，我也喜歡叫上「七種綜合起司拼盤」，慢慢的啜飲、小口的品乳酪。從法國進口的卡門貝爾乾酪（Camembert）烤得熱熱的，濃郁的香氣和綿密的口感，搭配波爾多紅酒，奶香濃濃的微醺，讓人幸福的想唱首歌。

餐廳的入口懸掛著法國茹拉德協會為 Frank 授予的協會大使，肯定他在葡萄酒行業的專業。

而來自法國酒莊的釀酒師，不定期的受邀到現場介紹波爾多每年的產酒，一場活動可以試飲八杯葡萄酒，費用是人民幣 $200。

許多單身在上海的臺灣朋友，經常都在此度過他們的 Friday night。好酒、佳肴相伴，人在異鄉的苦悶，有了在波爾多的一夜小度假，似乎也得到了療癒。

DATA

Le Bordelais Wine Bar

地址：嘉善路 301 號 2 樓（近建國西路）
電話：6422-9826
貼心小叮嚀：中午商業套餐人民幣 $88，頗為划算，單
　　　　　　杯點酒人民幣 $25。人通常不多，安靜舒
　　　　　　適。晚上經常滿座，最好先訂位。

外灘上的華爾道夫

　　初訪上海的好友們多半會依著旅遊書，按圖索驥在外灘上參觀萬國建築，然後到和平飯店，聽聽老人爵士樂團。在地的我，更推薦的是隱匿在中山東一路起點，同樣具有百年歷史且極度低調奢華的「華爾道夫酒店」。

　　百年前這裡曾是具有傳奇色彩的「上海總會」——英國僑民專屬的頂級會所，為了複製這棟建築 1911 年落成時的瑰麗風貌，酒店嚴謹的參照歷史紀錄與老照片，將細節一一還原。

　　穿越低調的門廊，踏上石階，目光落向大堂的瞬間，玻璃芎頂與挑高四層樓的空間，迸射出令人屏氣凝神的宏偉氣勢，璀璨的水晶吊燈與陽光交錯投射在黑白相間的花崗岩地磚。一樓的廊吧仍保有上個世紀遠東第一長酒吧，倚靠著喝杯雞尾酒，感覺很英倫風。

　　除了感受思古幽情，這裡還有兩間我很喜歡的餐廳，分別是一樓的法國料理「Pelham's」和五樓的粵菜「蔚景閣」。

美國華爾道夫接待元首級貴賓使用的礦泉水

奶油焦糖布丁、紫蘇牛油果、紅莓果、香草脆皮、蛋白糖

海鱸魚、油燜白豆、竹蟶、西班牙辣腸、醃檸檬、甜艾酒汁

法國 ■ Pelham's

摩登法式經典料理

Pelham's 的入口在新舊樓之間，面積不大，一不小心就會錯過門口而走到新翼大樓。雖然是間法國餐廳，名字卻是為了紀念英國總領事──Warren Pelham 爵士而起的。

2014 年底，華爾道夫請到新任主廚──法國籍的 Jean Phillip Dupas，走馬上任的兩個月時間，改寫了新菜單，推出摩登法式經典料理。

今年才三十出頭的 Dupas，個子不高，還長了一張娃娃臉。其實他已擁有十六年的經驗，除了曾在法國米其林三星餐廳 Regis Marcon 任職，其後的十年是在杜拜和英國等多家米其林餐廳工作。

說起英文帶著濃濃法國腔的 Dupas 說，來到中國是他多年的夢想，希望讓東方的消費者能以最可親近的（approchable）方式，體驗法國料理的魅力。他不迷

信透過昂貴而珍稀的食材來吸引客層，反而偏愛
選用當季、當地的時令素材，以美味為前提，來
設計抓得住人心的季節性菜單。

外灘上的名店櫛比鱗次，可惜，對於人均消
費相對較低的次要戰場——午餐時段，經常端出
令人失望、便宜行事的料理。Pelham's 的午市套
餐，是近年來我在外灘一帶吃到最有誠意的精致
美食。

訓練有素的服務員先為我們推薦了佐餐礦泉
水，來自美國的 Saratoga，深藍色的瓶身裝著跳躍
的氣泡，位於紐約的華爾道夫曾接待過無數國家
元首，據說它是歐巴馬總統最愛的礦泉水。

餐前麵包大概是我在上海吃過最完美的麵
包，一碟有茴香、法棍、洋蔥、芝麻四種口味，
烤得溫熱、香脆鬆軟，佐上百里香、花生、鹽味
三種奶油沾醬。

澳洲神戶牛柳、蘆筍、小
胡蘿蔔、洋蔥醬、馬鈴薯
泥、松露汁

法式鵝肝醬配甜氣泡酒、
焦糖橙肉、杏仁餅乾

開胃菜的精致擺盤與調味，從視覺到味覺都令人雀躍。第一道「法式鵝肝」
乍看之下像道色澤鮮豔的甜點。以櫻桃果凍捲著鵝肝，猶如閃閃發光的酒紅色細
雪茄，配上 Sangria 甜酒氣泡、焦糖橙肉、杏仁餅乾，肥美的鵝肝在多重果味的
襯托下輕快了起來。另一道「阿拉斯加蟹」，以芒果薄片包覆阿拉斯加蟹，淋上
酸甜的百香果醬，佐食的白藜麥散發著薰衣草香，越嚼越迷人，末了含一口如雪
般的薄荷油霜，豐富的層次好比乘著摩天輪從海裡游向森林。

主菜「澳洲神戶牛柳」，用的是里肌部位，五分熟度超完美，每一口都軟嫩
多汁，佐牛骨與黑松露熬製而成的高湯，讓唇頰間充滿難以形容的香氣。

海鮮也料理得十分出色，層層疊疊的，最上層酸甜的醃檸檬片首先清爽了前

洋薊義式餃、裙帶菜、黃油南瓜泥、酒香乾酪汁

X 推薦菜：

法式鵝肝醬
阿拉斯加帝王蟹配芒果
海鱸魚
澳洲神戶牛柳

法式草莓蛋糕、開心果冰淇淋、絲滑奶油

精選法國起司

阿拉斯加帝王蟹配芒果、藜麥沙拉、西番蓮果、黃瓜和薄荷油

菜占據的味蕾神經，灑上西班牙臘腸調味的蟶子和青口貝，讓大海的滋味在舌尖上輕拂而過，為主角「海鱸魚」暖場，鱸魚皮煎得略焦而脆，肉質軟膩多汁，底襯細綿綿的油燜白豆，讓每一口魚肉都滑得像華爾滋舞步，盤底用甜艾酒和起司醬打成的白色泡沫環繞，讓人意猶未盡。

還好我們一行三人，菜單上的三道甜點都能嘗到。夢幻的粉紅色草莓雪酪撒落在草莓蛋糕上，佐上開心果冰淇淋，絲緞般滑嫩的奶油焦糖布丁，環繞著紫蘇牛油果、紅莓果、香草脆皮、蛋白糖，還有精選的法國特色起司、山羊乾酪、綿羊乳酪。

Dupas 的全力以赴與務實很令人激賞，當我來回走動，一直見他聚精會神的站在廚房裡，像鷹一樣的管理團隊。午餐時間告一段落，他特別抽了十多分鐘和我們交換了他的理念。外灘上又多了一處 must visit 的美食新亮點。

♛
DATA

Pelham's

地址：中山東一路 2 號華爾道夫酒店 L 樓（近延安東路）
電話：6322-9988
營業時間：中午 11：30 ～下午 2：00（周一至週五）
　　　　　晚上 6：00 ～ 11：00
貼心叮嚀：周末不供應午餐。工作日午餐兩道訂價 $218，
　　　　　三道 $278，四道 $338，在外灘上是非常物
　　　　　有所值的配套。

香港 🌸 蔚景閣

周末飲茶的祕密聚點

 特別推薦：

港式點心
吃到飽

近幾年隨著幾家知名茶餐廳、粵菜館的推波助瀾，香港人喝早茶的文化逐漸盛行，每到周末熱門餐廳一位難求。喝早茶本該是優閒的享受，在人山人海的餐廳裡，搶位子、喊服務員、連聊天都要扯開嗓門，太折騰了。幸好，我們發現了周末喝早茶的祕密聚點——華爾道夫頂樓的蔚景閣。

　　搭乘電梯來到酒店頂樓，描繪著觀音佛手姿態的瓷杯，各種饒富趣味的中國古玩複製品，沿著走道優雅迎賓，穿越六間古意而奢華的包廂後，大堂是一片開放挑高的原木天花板下雅緻的空間，環繞著老廚櫃、吊掛的燈籠、牆上的梅花寫意畫，走進這裡，彷彿進入一間被人遺忘的閣樓。

　　來自香港的主廚袁瑞生擁有近三十年的豐富經驗，中國前總理、美國前總統柯林頓與荷蘭女王都曾是他的座上嘉賓。蔚景閣平日提供廣東菜、本幫菜與淮揚菜，每到周末中午提供港式點心吃到飽的早午餐，雖是 All you can eat 型態，點心的精致度與華爾道夫特有的服務卻不打折。

DATA

蔚景閣

地址：中山東一路 2 號華爾道夫酒店 5 樓
　　　（近延安東路）

電話：6322-9988

營業時間：中午 11：30 ～下午 3：00
　　　　　（周一至週五）
　　　　　晚上 5：30 ～ 11：00

美國 🇺🇸 Liquid Laundry

把釀酒廠搬進餐廳，全新潮店手工純釀啤酒精致美式佳肴

近年在歐美和日本掀起一陣微釀風潮（Microbrewery），將迷你版釀酒廠搬進餐廳和酒吧。由駐店釀酒師依據經驗和各具巧思的獨門配方，以手工方式小量精釀啤酒，強調純天然、無添加，在風味、色澤、酒精濃度的不同象限上，變化出比大量生產的啤酒更迷人、更多樣貌的個性啤酒，吸引了不少追求獨特品味的酒客。

Tap That 酒吧

餐廳微釀啤酒

　　而今，這股潮流也吹進上海，幾家頗受好評的微釀餐廳，分別由數度榮獲國際啤酒大獎肯定的釀酒師們駐店。其中我很喜歡的是浦東嘉里酒店的「釀」（The Brew）和 2014 年全新開幕的 Liquid Laundry。

　　Liquid Laundry 地處 iapm 環貿正對面，緊鄰東湖賓館，位在嘉華坊二樓。搭乘電梯上樓，門一打開，大片落地窗外閃耀著璀璨的陽光和搖曳的梧桐樹影。能容納兩百人的空間，穿透性十足，桌與桌之間的距離寬敞，給人舒適的開闊感。裸露的屋頂與黑色的明管，混凝土灰色的牆面，木質結合金屬的桌椅，黑、白相間的千鳥格紋與綠色抱枕，在金黃色鎢絲燈泡的映照下，呈現了有暖度的現代工業風格。

　　最引人注目的是，餐廳中央玻璃牆內的十來座釀酒槽，來自美國的釀酒師 Michael Jordan 帶領著團隊專注工作著，釀酒的過程，真實地在酒客面前上演。一旁的酒吧，bartender 拿著高腳玻璃杯，從一字排開的十五道啤酒龍頭當中，悉心傾注杯緣有著一圈誘人泡沫的粉紅色啤酒，從牆上手寫的小黑板，我記住了這酒的名稱──Pretty in Pink。

　　入座後，服務員送來兩塊洗衣板。翻過來一瞧，原來是中英文菜單和酒單。不得不說，餐廳在營造「Laundry」主題的用心隨處可見，隱藏在各個角落蠟筆手繪的、鑲嵌在混凝土牆裡的洗衣夾，用洗衣板作為菜單，在廚房入口懸掛著 Laundry room 的藍色霓虹燈。

Liquid Laundry 沒有中文名字。在店經裡 Eddie 的引見下，我好奇的問了主廚 Sean Jorgensen 店名的含意。老美 Sean 說，在美國洗衣房不僅是洗滌髒衣物的空間，還是能和鄰里交流、輕鬆閒聊的情報站。Liquid 指的是好啤酒，Laundry 則是希望提供食客們一個有好酒、好菜相伴的歡樂暢談空間。

雖然是中午的時間，四周的座位紛紛都點了啤酒。酒單的設計很 user friendly，Michael 為每一款酒都取了名字，像是我一進門就注意到的粉紅色啤酒 Pretty in Pink Berry Weiss，就詳細的敘述著：色澤粉紅，富含氣泡，有些微的苦澀，喝下時會有泡泡跳躍的口感，帶柑橘與覆盆子果香，酒精濃度 4.8%。就像這樣，十五款啤酒的色澤、基調、香型、使用的啤酒花、盛裝的杯形和酒精濃度都一目了然。

當天我們還點了果氣馥郁的 Pearl Necklace Pale Ale，味道很年輕的 Beverly Hills Hop，較微辛辣的 Sleepless in Saison。對照著酒單上的陳述喝著，一步一步感受，酒在杯中的色澤、接觸到舌尖的剎那、入喉以及之後的餘韻。飲酒人與啤酒的緣分，從「厚搭」的短暫交會，轉變為更有深度的心領神會。喝啤酒，也能細細品嘗。

Liquid Laundry 的主人 Kelly Lee，曾是 Azul Tapas 的主廚，同時還經營 Boxing Cat、Sproutworks 等餐廳。找來擅長美式、墨西哥料理的 Sean，設計出一份訴求能和好友分享食用的共享菜單。午餐時段有燒烤和披薩套餐，單點的部分還有餐廳自製煙熏醃製肉品、下酒小菜、三明治和沙拉。

菜單上的「大胃王套餐」頗對我的胃口。1/2 烤雞，以祕制的亞洲醃料，特選龍眼木慢烤出香嫩多汁的雞胸、雞腿，佐「辣死你醬」，十足夠味。同行的朋友挑選了名為「時尚」的披薩，餅皮經由蘋果木烤製，不見焦黑的烤痕，從中心到外圍都是香Q微帶嚼勁的口感，餡料是松露橄欖醬、拇指大小的厚切蘑菇、芝麻菜和起司，是香氣四溢很摩登的美妙組合。啤酒的好朋友——海鹽口味的薯條，炸得金黃酥脆，撒滿粗粒的海鹽，搭配蒜香奶油、咖哩番茄醬、味噌芥末三

種沾醬,是美式薯條佐亞洲醬料的有趣新吃法。

Sean 在來到上海之前曾在新加坡工作,喜歡體驗亞洲各地的街邊小吃,手臂上醒目的刺青和爽朗的笑聲,讓人印象深刻。沙拉、烤雞、披薩和薯條這些再平凡不過的美式經典菜色,也因為有了他獨特的風格,溫暖的個性,而展現了迷人的樣貌與滋味。

走進洗手間時,我忍不住笑了,男女廁入口的標示,分別是開檔褲和蕾絲三角褲,相信這麼直白的告示,即使是喝茫的客人也不至於走錯路線。廁所裡頭還有許多細膩的陳設,讓如廁的過程並不乏味。

小小的遺憾是服務員的訓練與素質還不夠,上海每年新開的餐廳為數眾多,為了招攬與培訓員工,可讓許多店主和大廚傷透腦筋。

披薩窯烤

洗衣板菜單

推薦菜:

特色烤雞
披薩
海鹽薯條
啤酒 Pearl Necklace Pale Ale,
TKO IPA

特製薯條松露三味

大胃王套餐 特色
烤雞搭配辣死你醬

有趣的洗手間設計

DATA

Liquid Laundry

地址:淮海中路 1028 號嘉華坊 2 樓(近東湖路)
電話:6445-9589
營業時間:周一至周日上午 11:00- 午夜 12:00
貼心小叮嚀:中午商業套餐人民幣 $70～95,較為划算,
　　　　　單杯點酒 350ml 人民幣 $40～55。人通常
　　　　　不多,安靜舒適。晚上經常滿座,最好先
　　　　　訂位。每晚的 Happy Hour,啤酒單杯的價
　　　　　格從人民幣 $40 優惠至人民幣 $30

奧地利－珍得巧克力劇院

走一趟《巧克力冒險工廠》的享樂之旅

如果你是個巧克力迷、博物館控、搞設計玩創意、或單純有顆童趣之心，來到上海，一定不要錯過「珍得巧克力劇院」。這場猶如走一趟電影《巧克力冒險工廠》的享樂之旅，歷時一個半小時，由來自奧地利的巧克力專家解說「from bean to bar」的製造過程。

參觀者唯一需要的是：一根湯匙和非常好的胃口，可可原豆、可可原漿、各種製作巧克力所需要的神奇原料、配料和上百種口味的巧克力，統統無限供應品嘗。

珍得（Zotter），一個成立於 1992 年的年輕品牌，2013 被國際專家小組評選為世界最棒的八個頂級巧克力製造商，倫敦知名雜誌也賦與它「年度最具創意巧克力」頭銜。除了曾經創造出數以千計的不同口味，奪得「歐洲巧克力大獎」和「最佳有機產品獎」之外，珍得首創的巧克力劇院亦是奧地利最吸引遊客的景點之一。

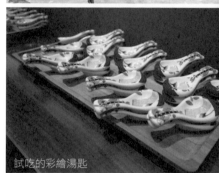

巧克力享樂之旅

2014，創辦人 Josef Zotter 和他年輕的女兒 Julia，將劇院複製到了上海，落腳楊浦區上海時尚中心，帶來了「有機」、「公平交易」、「Bean to Bar」的巧克力新概念。

這學期 Do-re-mi 公主在學校的探索主題是「食物製造的過程」，於是我們全家一起來趟巧克力大冒險。

試吃的彩繪湯匙

參觀當天，Julia 親切的陪同我們走進第一站——「可可影院」，長達二十分鐘的影片介紹了可可豆生長的故鄉。片中 Josef 帶著家人翻山越嶺深入拉丁美洲的雨林，記錄農人們以有機方式栽種優質可可豆的堅持，透過公平交易合作社的協助，心血培育的可可豆得以獲得穩定的售價，而可喜的是，農人的子女們能因此面露幸福笑容，安坐教室接受良好的教育。

Josef 的全家福

這是我第一次看到可可果碩大的樣子，敲開之後的可可豆原來是白色的，直到發酵後才轉為褐色。看著 Josef 與小農之間的對話，也讓我首度對

聞聞看製作巧克力時
經常運用的香料

巧克力時光研拌機

米茲藍唱片轉盤巧克力

推薦口味：

70%懷舊牛奶巧克力
米茲藍巧克力搖滾玫
瑰巧克力
枸杞巧克力
酷爽辣椒巧克力飲

於可可豆的來源有了更深層的想法。

接著，解說員先請每個人都拿起一根彩繪湯匙準備all you can eat的旅程。「這是烘培過的可可豆，大家嘗嘗看好不好吃？」「又澀又酸」孩子們露出了難吃透的表情。接著下來的「基礎烘焙——牛軋糖與巧克力噴泉」，加入糖和牛奶調味的溫熱可可原漿，就顯得有趣又好吃多了。

進入「時光研拌機」區域時，小朋友開始歡呼，純度從50%～100%的六座巧克力噴泉，十二架巧克力研拌機、二十多種水果、果仁、辛香料等配料和不同形狀的巧克力就在眼前！小手跟湯匙忙個不停，這是場令人興奮的⋯⋯巧克力自助饗宴。看著濃濃的巧克力原漿在噴泉上湧動、在攪拌機中翻騰，體驗之旅的所有過程⋯⋯太誘惑！年齡彷彿隱形了，這裡只剩下一群吃得不亦樂乎的孩子。

我最喜歡的是「70%懷舊牛奶巧克力」，不含任何甜味，與馬雅、阿茲特克人當年吃到的史上第一塊巧克力非常類似。還有「70%巴西巧克力」，這是Julia在當地雨林花了好幾個月的時間向可可農學習的製作配方，原蔗糖的甜味很美妙。一款名叫Labooko Nicaragua 50%的巧克力，最近剛被知名的德國品鑑師評選為最好吃的牛奶巧克力。

一旁的生產線就在玻璃窗裡全然透明公開，來自奧地利的製作團隊和當地員工正專注的工作著。參觀的路線即將沿著「棒棒糖天梯」步入二樓，有

草莓兔兒爺、杏仁李太夫，畫著可愛圖案的數十種口味棒棒糖一路誘惑，短短的幾層階梯，我們的步伐慢得不得了。

「There are more for you to try upstairs.」解說員提醒著。小跑步上樓果然有大驚喜。在米茲藍唱片轉盤區，更多的創意口味被製作成圓形唱盤，像是牛奶巧克力融合覆盆子與大馬士革玫瑰的「搖滾玫瑰巧克力」、特別採用中國辣椒、枸杞和豆仔巧克力的「中國品味巧克力」。值得一提的是，Zotter 的所有產品包裝都由奧地利藝術家 Andreas H. Gratze 設計，現代感、大膽搶眼的圖騰，採用環保包材製造，讓巧克力的創意風味更添時尚特色。

解說員邀請大家試吃烘培過的可可豆

剛剝出來的巧克力原豆

緊接著還有工作人員新鮮手搖的「飲用巧克力在線區」，有酷爽辣椒、薑黃、馬沙拉等巧克力牛奶。旁邊的「針筒巧克力」，可以像「擠牛奶」那樣的擠出咖啡、白酒、威士忌巧克力。最酷的是「迴轉巧克力」，純手工巧克力像是黑加崙、培根口味，和迴轉壽司一樣在轉盤上繞呀繞的。逛完創意十足的試吃站，就進入寬敞的賣場，這裡固定銷售高達 250 種口味的巧克力。

飲用巧克力在線
試試看酷爽辣椒巧
克力牛奶

各種口味的試吃
巧克力

我在這裡選購了 Biofekt 系列手工巧克力，包括赤霞珠葡萄酒球、玫瑰杏仁蛋白軟糖、檸檬利口酒，都是獨創性即高的風味。另外還有只為中國市場而做的大切塊枸杞巧克力，讓人意想不到中藥材和可可竟然也很 match。

可可原漿噴泉

私人巧克力訂製

棒棒糖天梯

銷售 250 種口味的賣場

很難想像，Josef Zotter 當年是在父母的舊牛棚裡開啟了巧克力的事業。二十多年來，他在拉丁美洲、印度等地直接向小農收購公平交易的有機可可豆，網站上提供有公平交易認證，其他牛乳、蜂蜜、酒、醋等各種配料同樣取自有機農場，原料、營養成分，甚至可可農的姓名，都在網站上清楚條列。

從歐洲到南美洲、印度、非洲，再到中國，珍得一家人努力創造巧克力世界的新可能與新大陸。喜歡穿著兩隻不同顏色皮鞋的 Josef，在臉上塗滿巧克力露出一雙大白牙入鏡，一派風趣優雅的態度，彷彿在說：「沒有做不到的巧克力，只有想不到的。」我由衷敬佩這位秉持良心與永續經營的企業家。在巧克力被大品牌壟斷的年代，真正走進可可豆故鄉與可可農並肩互助互榮的企業家，值得眾人的掌聲支持。

♔ DATA

珍得巧克力劇院

地址：楊浦區楊樹浦路 2866 號 9 號樓（上海時尚中心）

電話：6016-1630

參觀費用：大人 $180，12-18 歲 $150，7-11 歲 $120，六歲以下兒童免費

營業時間：周二至周五 11：00-21：00、周六、日及國定假日 10：00-21：00、周一休息

貼心提醒：電話預約可以避免等待時間，周末人很多，最好還是平日去。

西班牙 — 大象餐廳

El Efante

全家聚餐最愛名廚 Willy Trullas Moreno 的性感地中海料理

來自西班牙的 Willy Trullas Moreno，大概是所有勇闖中國的名廚當中「最多產」的一個。
從 2007 年開了第一家餐廳 Happy Spanish Restaurant「el Willy」以來，旗下的「Fun F
& B Group」不斷成立新品牌，包括日式雞尾酒吧「el Coctel」，瘋狂的三明治熱狗酒吧
「Bikini」，地中海料理「el Efante」，和開在張園的雞尾酒吧「el Ocho」、Tapasbar
「Tomatito」。

彩繪的熱帶海洋和免費贈送的糖果

露天座位

自然野趣的餐盤

以「Fun」之名，el Willy 集團餐廳的關鍵字總不脫快樂、性感、瘋狂、古怪、迷幻。走進餐廳裡，隨處可見 Willy 帶著淘氣搞怪表情的照片。吃西餐不需要正經八百，這裡只有歡樂、輕鬆的氣氛與充滿巧思的好料理。

周末睡飽飽起床之後，Mr. D 和 Do-rei-mi 公主最期待的是媽媽公布三家沒吃過的餐廳，經過家庭會議票選 brunch 地點。沒空做功課的時候，只要提議 el Efante，大人小孩都會舉雙手贊成。el Efante 為大人量身訂做的 Sexy Sunday brunch 和兒童專屬的三道式免費午餐，隨著季節變換的菜色，不只美味，是，充滿驚喜魅力的佳肴。

車水馬龍的東湖路旁，七彩木片拼花的大象雕塑俏皮的指引著 el Efante 的路徑，穿越粉刷著繽紛壁飾的深門廊，前方是興建於 1928 年的紅屋瓦米白色小洋房，2008 年起的四年期間，這裡曾是 el Willy 的舊址，直到餐廳遷往外灘，Willy 將此命名為歡樂之屋（Happy House），打造一個以地中海進口食材、料裡手法和大象元素為特色的全新空間。

才靠近，就能聽到童稚的歡笑聲不絕於耳，敞亮的庭院樹影搖曳，孩子們在球池、溜滑梯來回穿梭奔跑，大人們優閒安坐遮陽傘下喝咖啡，或只是放空。把寶貝放養在安全的遊戲空間，老爸老媽就能奢侈享受一下，星期天，不放鬆發條、發呆，要幹嘛呢？因此天氣好的時候，戶外座位總是熱鬧滿座。

推開門，就像游進了地中海溫暖的海域，牆上彩繪著嬉戲漫遊的熱帶魚，一

只只透明玻璃碗擺滿送給客人的糖果和火柴盒。店名取做大象，因此大象的圖騰和擺飾，就像米奇 logo 躲在 Disney land 一樣，悄悄隱藏在牆面、燭臺、鏡子和擺設裡，最吸睛的莫過於一隻披著榴槤殼的鵝黃色大象，它的真實身分是——— undercover 刀架特務。

　　記得第一次造訪時，婀娜多姿的西班牙美女經理送來菜單，「Sexy brunch menu」幾個大字用力跳進雙眼，我忍不住好奇唸了出來，美女都笑了，「Everything about this restaurant is sexy.」仔細讀完菜單，就已經足以教人欣喜。有別於美式、英式的早午餐，地中海風的版本實在豐富又精采太多了。堆滿火腿、培根、香腸、各種蛋、吐司和炸物的早餐，NG ！

　　一份讓人從味蕾到心情都甦醒的六道式套餐，Sexy ！兒童餐雖是免費附贈，仍然有張正式的菜單，從前菜、主菜到甜點都有數種選項，禮遇小貴賓的誠意，加分！

　　「時令杏桃冷湯、混合生菜沙拉、鵝肝凍、甜菜根及西芹、核桃、雞蛋三部曲：溫泉蛋、嫩炒蛋與經典荷蘭汁、烤番茄及黃油吐司、豬的奶油炸球：伊比利火腿、土豆（馬鈴薯）香腸、豬耳朵風味、濃汁海鮮燴飯、糖漬熱帶水果、薄荷、羅勒、玉桂冰沙」。炎熱的夏季，以果味冷湯開場，再用酸甜的黑醋蔬菜沙拉搭配氣味濃郁的鵝肝凍開胃，店裡

無所不在的大象元素

室內環境

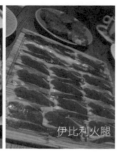

鮮蝦蘑菇義大利麵捲配
椰香松露汁

伊比利火腿

伊比利豬排

推薦菜：

鮮蝦蘑菇義大利麵
捲配椰香松露汁
濃汁茴香檸檬鮮蝦
燴飯
Sexy Brunch

的招牌溫泉蛋掩映在荷蘭汁覆蓋的蛋殼裡，用小湯匙舀起，暖暖滑過喉頭的口感十分銷魂。西班牙經典奶油炸球，三種風味三種造型，咬下後蹦出鮮明內餡滋味。海鮮燴飯裡的淡菜、鮮蝦新鮮滿點，軟硬適中的米粒吸飽番茄海鮮高湯菁華，再淋上提鮮的青醬點綴。最後以新鮮水果與三種香草冰沙結尾，實在完美。到了冬天，菜單從分量到風味都更加有強度，「地中海黑醋番茄湯、希臘沙拉、西班牙培根溫泉蛋、摩洛哥辣味燉雞配小米沙拉、墨魚魷魚燴飯配甜椒腸、奶油布丁」。

除了早午餐之外，el Efante 最精采的菜色還包括 Tapas、各式冷切肉、碳烤肉類及海鮮和中東特色辣味陶鍋。我最喜歡一道「蟹肉沙拉」，手撕成細纖維的蟹肉佐清新馥郁的羅勒冰沙，彷彿活蹦亂跳的蟹跳進 Mojito 裡悠游，那種前所未有的組合令人驚豔。精選的西班牙進口薄切「伊比利火腿」又鹹又香的滋味無可取代，一份 60 克分量十足，配著冰鎮的 Sangria，一整個禮拜的煩惱疲憊頓時煙

消雲散。季節限定的濃汁茴香檸檬鮮蝦燉飯,用濃
郁鮮美的龍蝦高湯燉出硬度恰到好處的米粒,灑上
了醃漬過的檸檬皮和微酸的檸檬果肉,清新的香氣
完美的平衡了海鮮的厚味。而 Mr.D 每次必點的還
有「鮮蝦蘑菇義大利麵捲配椰香松露汁」、「青口
貝」(淡菜)。

地中海域貫穿了歐、亞、非三個大陸,儘管周
邊國家眾多、民風各異,獨有的氣候卻造就了沿海
特殊的地中海風格。蔚藍大海與開闊天空帶來的自
由奔放,大自然裡繽紛明亮的色彩,樂天與享樂的
精神,還有大量運用水果、蔬菜、香料、漁獲與橄
欖油的地中海美食。el Efante 的食物,取鏡巴塞隆
納、坎城、馬賽、羅馬、突尼西亞、貝魯特、突尼
西亞、伊比扎等各地烹調精隨,用完全跳脫框架的
料理創意,每一年、每個季節都誠意十足的交出讓
人耳目一新的菜品。Sexy 嗎?我完全同意。

蟹肉沙拉佐羅勒冰沙

雞蛋三部曲

DATA

el Efante

地址:徐匯區東湖路 20 號(近淮海中路)
電話:5404-8085
營業時間:中午 11:00-2:30,晚上 6:00-10:30,
　　　　　周一白天休息

海鮮番茄蒜香貝殼麵

墨魚魷魚燴飯

remedy
源氣365

新加坡  Remedy 源氣 365

百年中藥鋪余仁生與米其林魔廚 Alvin Leung
攜手打造的養生料理

還在 SK-II 擔任品牌公關的時候，經常有機會和代言人近距離挖掘他們的肌膚保養祕方。有次和我一直很崇拜的影后級女星談天，聊到她愛喝煲湯、燉煲湯的話題。於是，每到香港出差，我都會照著女神的養顏祕方，走一趟「余仁生」選幾袋調配好的煲湯藥材。周末在家燉隻雞或排骨，搭配養顏、潤肺、安神湯包，喝碗暖暖的湯，也替身體補補水分和養分。都說女人的好氣色，靠湯湯水水養出來，喝煲湯，變成一種習慣。

最近，來自新加坡的百年中藥與南北貨老店──「余仁生」，在上海開起了餐廳。「Remedy 源氣 365」以中藥材、上好南北貨、有機食材為基礎，請到米其林三星主廚梁經倫 Alvin Leung 設計菜單。

人稱「魔廚」的梁經倫，本業是防噪音工程師，2003 在香港開了

源氣 365 外觀

餐廳內

Bo Innovation，前後獲頒五顆米其林星星，是擁有最多星星的華人主廚。右手臂上偌大的「魔廚」刺青，一頭染著多種色彩的髮型，有人說他更像個搖滾明星。善長於分子料理與食材 Crossover，最著名的經典菜「小籠包」，是以分子料理製做出如同一顆蛋黃大小的圓球，入口後，薄薄的外皮爆開後，在嘴裡流出滿口湯汁。當魔廚遇上百年中藥品牌，會端出什麼樣的菜肴，我決定走一趟瞧瞧。

中藥材

「Remedy 源氣 365」位在美食林立的打浦橋蒙自路上，訴求無國界創意健康料理。菜單上寫著：「吃得好才過得好。」菜色突破菜路的藩籬，運用余仁生食材、來自崇明島的有機食材，跨洲界的烹飪手法，端出了一份從輕食、廣東煲湯、麵食、主食、涼茶到甜品的豐富菜單。

阿米哥辣椒飯

午餐的開場白是道湯品──「清補涼」，以瘦肉為底，加入薏仁、芡實、蜜棗，熱熱的喝，溫和

運用中藥材製作的養生靚湯

菜膽花菇花膠燉雞

田園大火

推薦菜：

養生靚湯
田園大火
杏仁豆腐

百草香焗雞　　五味珍蔬沙拉

的潤肺。另一道「菜膽花菇花膠燉雞」，雞湯底與花膠慢燉出清甜的滋味，花菇飽滿馨香，來自有機農場的清江菜膽，喝起來有種幸福的暖意。

　　健康前菜的「田園大火」，以大火猛烤新鮮的秋葵、櫛瓜、甜椒，精采的是盤子裡的配角——青醬，綠色的醬料乍看只是平凡的羅勒醬，一嘗卻有非常迷人的馨香氣味，服務員不肯透露真實的材料，只說加入了紫蘇。另一款「五味珍蔬沙拉」，有雙色番茄、甜菜根、羊奶起司，色彩紛呈像一疊秋意調色盤，酸醋調味很開胃。

　　許多食客在網路上推薦的招牌料理「阿米哥辣雞飯」，糙米上堆砌著辣雞丁，環繞著番茄、玉米、酪梨沙沙醬，灑上薄荷葉與香菜。雞腿肉香辣夠味，搭配清爽的時蔬，非常美味，只可惜糙米飯上桌時竟然是溫溫的。「百草香焗雞」分量十足，用了兩隻全腿，醃製出帶著橙紅的色澤，原本應該美味的醃料，因為烤製的過程不夠理想，肉質有點柴了，也影響了風味。魔廚研發的菜色，由於小細節的疏忽而略顯遜色了。

　　幸而，甜點又帶來亮點。不愧是南北貨專家，入口即化的杏仁豆腐，香氣很天然，撒上金黃色的桂花瓣，還散發著淡淡的紫蘇香。紫米露裡有細緻的紫薯、地瓜、藜麥，濃濃的椰漿，點綴的枸杞，不僅可口，還營養豐富。

　　以藥食同源的理念出發，再借鏡咖啡店輕鬆、

紫米露

杏仁豆腐

水燙鮮蔬條配密制橄欖醬

便捷概念所打造的 Remedy 源氣 365，沒有素食或藥膳餐廳的特殊氣味。調製飲料的吧檯擺滿了各式中草藥，Soupbar 設計的像是中藥鋪層層疊疊的藥抽屜，牆面包覆著泛黃的舊日曆。這裡的氣氛有點中西合併，也有些新舊交融。我喜歡坐在高腳椅上喝著「竹蔗茅根馬蹄飲」，也會在季節變換的時候來這喝碗煲湯補充能量。可以不用自己對著爐火慢慢熬湯，感覺挺輕鬆的。

DATA

Remedy 源氣 365

地址：蒙自路 207 號 12003-005 室（近麗園路、斜土路）
電話：5386-0291
營業時間：10：30 ～ 22：30
貼心小叮嚀：午餐時段兩道式套餐人民幣 $58 元起，搭
　　　　　　配草本健康飲人民幣 $7，另外加點前菜和
　　　　　　甜品各為人民幣 $20。晚餐時段人潮較多，
　　　　　　最好事先預訂，因為桌子之間距離不大，
　　　　　　有時候比較吵。

來自韓國村的療癒家鄉味 ─────

　　對於韓國這個國家，該怎麼說呢？有種複雜的情緒。我和很多朋友一樣，不買韓國產品，看國際球賽也忍不住高分貝開罵。唯獨對於熱門韓劇和韓國菜，俊秀的帥哥和香辣的泡菜，很難 Say no。始料未及的是，搬到上海後，我還交了不少韓國「青古」（韓文：朋友），每個禮拜一起畫畫，結伴吃辣豆腐湯和紫菜包飯。

　　出了國門，爽朗熱情的韓國人和友善親切的臺灣人，由於生活、文化背景上的許多共通點，很容易打成一片。在澳洲留學的那幾年，認識了不少韓國同學，當時因為學校餐廳的價格並不便宜，中午休息時間他們會帶幾包辛拉麵，把紅色的包裝袋拉開後，熱水一沖，用手掐住袋口，開心的聊天等麵泡開。然後熱情的邀請我一起以袋就口吃麵、喝湯的。就這樣，沒吃過韓國菜的我，就從辣的讓人冒汗的辛拉麵，開始喜歡上韓國料理了。

　　還記得一位在上海住了好多年，因為工作而搬回臺灣的朋友說，離開這個城市，唯一讓她覺得捨不得的是──好吃的韓國料理。在上海居住的 156 個國家的外來居民，除了臺灣人數最多，其次就是日本和韓國人了。有趣的是，這幾年評價最高的日料餐廳多數是由臺灣人經營，而韓國館子幾乎都是由韓國人親自經營管理，不僅風味道地，連菜色和風格也幾乎與韓國當地同步流行。

　　上海金匯區有個韓國城，由於韓國在滬居民群聚，逐漸形成一個極為獨特的商圈。

以韓國購物中心「Seoul Plaza 井亭大廈」為中心，周邊延伸開來的商家懸掛著中韓雙語的招牌，當紅韓星代言的看板、海報是街道兩側獨特的風景。螢幕情侶金秀賢和全智賢，各自為代言的多樂之日和巴黎貝甜麵包店，在相隔不到百來公尺打擂臺，從上海各地聞訊而來的粉絲，在店家特別陳設的櫥窗前和都教授一起乘著腳踏車拍照，跟千頌伊同桌喝咖啡合影。

桑拿會所裡除了阿祖媽外，多了當地客源來體驗韓劇裡的汗蒸；美容院裡想 settle 的像韓劇女主角一樣的女孩排排坐著。這裡還有韓國超市 1004，販賣新鮮蔬果、魚肉，和韓國進口的食材、食品、生活用品。街上人來人往，邊走邊吃著小店的辣炒年糕，螺旋土豆串，茂棒。小心身邊突然傳來韓式爆米餅「砰、砰、評」的聲響，十塊錢一大包的米餅，一片比臉還大，淡淡的米香和甜味，小朋友都很喜歡看米餅從機器裡像飛盤一樣噴射出來的有趣畫面。此外韓國最大的連鎖咖啡廳 Mango Six、Caffe bene、Kacao 統統到齊。

隨著韓劇橫掃中國，原本因為僑民們生活應運而生的社區，儼然成為上海熱門的觀光景點，帶動了 Made in Korea 產品的商機和餐廳川流不息的人潮。

明洞刀麵外觀

一個下著滂沱大雨的早晨，原本安靜的畫畫教室裡因為一句話而沸騰。我的那群韓國同學和老師，正在討論「每到下雨的日子就想要吃一碗明洞刀麵。」在韓國有一百多家分店的明洞刀麵，「在韓國長大的人，應該都吃過這家刀麵吧！」石蘭老師這樣說的。「濕濕黏黏的雨天，吃碗熱湯麵才會覺得舒服。」

走進位在韓國城虹泉路上大廈二樓的明洞刀麵，一樓入口兩側的白牆，有點髒，儘管是個大雨天，推開門卻是人聲鼎沸。開店近十年，川流不息的韓國食客恐怕為了家鄉味，並不太在意久未翻新的樓梯間和室內環境。

看見我一個人來吃飯，又帶著相機拍攝，店裡的柳室長很親切的替我介紹了店裡的招牌菜色。戴著一副黑框眼鏡，笑容可掬的室長來到上海九年多了，中文說的很流利。「明洞刀麵在韓國家喻戶曉，是我們心目中的韓國鼎泰豐。」餐廳以「專賣店」的概念經營，只專精於幾樣菜色，因此菜單簡潔明瞭，刀麵、餃子、菜包五花肉、火鍋和晚餐時段提供的烤肉。

刀麵，其實是我們熟悉的刀削麵，是韓國家庭裡僅次於米飯的主食之一。據說，韓國前任的總統金泳三喜歡吃刀麵，御廚們因此非常擅長於料理，青瓦臺也經常以刀麵招待客人。好的刀麵，關鍵在

麵粉的原料、掌握筋度的訣竅和湯頭的味道。

　　麵都是現點現煮的，在等待的時候，室長送來了一罈從冰箱取出來的自製冰鎮泡菜，韓國村裡許多餐廳，在餐前都會提供免費的泡菜，各家的泡菜都有獨特的風味。

　　熱騰騰的麵上桌了，用銀色的金屬碗裝著。碗中央是炒過的西葫蘆（櫛瓜）、香菇、洋蔥、韭菜、紅蘿蔔和絞肉，微微的辣、香氣四溢。所謂的刀麵，和我想像的有些不一樣，線條是機器製麵的整齊劃一，粗細大約和木筷子相當。室長解釋過去的刀麵的確是靠人工切出來的，現在已經改用機器了。從韓國進口的麵粉和不能說的製麵技術，是刀麵筋度夠、彈牙的祕密，從麵上桌之後，「十分鐘」是完食的黃金時間，拖長了麵軟湯涼就不好吃了。

　　經過七小時熬煮的湯頭很清爽，嘗得到蔬菜，包含銀耳、蓮子的清甜，和燉牛骨的香。嗜辣的人還可以跟服務員要一罐特製辣椒圈、蔥花和辣椒粉來佐味。「菜包五花肉」用陶盤盛裝、鋪在蒸盤裡，底層鋪滿了韭菜。切的有些厚度的豬肋條肉，以韓方三十多種中藥蒸煮，肉質軟嫩，肥的部分軟得像棉花糖一樣在嘴裡化開，並不油膩。

　　吃的時候可以沾上大醬、蝦醬，鋪在生菜上，加幾片大蒜、黃瓜、辣椒片、醃蘿蔔，像是做出一個口袋那樣，由下往上、左右向中央翻折。大口整個吃下時，先嘗到蔬菜的爽脆、沾醬的香氣，最後是柔軟香甜的五花肉，層次感豐富。

圓圓胖胖的花餃子

菜包五花肉

推薦菜：

大餃子
刀麵
菜包五花肉

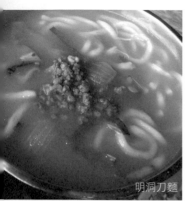
明洞刀麵

餐廳自製泡菜

　　韓劇裡經常出現朋友之間打賭，輸的人請吃五花肉的劇情。我好奇的問了室長用五花肉當賭注的理由，他說菜包豬五花是韓國人最喜歡的食物。現在，我大概能理解為什麼了。

　　韓國人也愛吃餃子，只是餃子的身形壯碩，一顆就超過半個掌心，用蒸的一籠有六個。包的方法也不同，要把半月形餃子的左右兩個角，繞成圓圈黏在一塊，變成圓圓胖胖的形狀，外側還像滾了花邊。因為很大，吃的時候要先切開，沾上韓式醬油、麻油。餃子皮非常有嚼勁，麵香很足，融合了豬肉、洋蔥、蔥末、韭菜的餡料，飽滿多汁。另外還有泡菜口味，多加了酸辣的泡菜和冬粉。兩種都想嘗試的話，原味和泡菜綜合的點法稱為花餃子。

　　想起我家祖籍山東的老公，也愛上小館子叫碗刀削麵、切點滷牛腱子、一大盤餃子，配著大蒜、辣椒吃。在明洞刀麵，這個組合成了刀麵、菜包五花肉和大餃子，想家的時候，這樣的吃法無比療癒。不管天氣晴或雨，在上海的這幾年，這裡經常是我常常想念的一家餐廳。

DATA

明洞刀麵火鍋

地址：虹泉路 1051 弄 5-7 號 2 樓（近金匯南路）

電話：3432-3258

營業時間：11：00-21：30

小叮嚀：一人份套餐——菜包肉定食，有小份五花肉、刀麵、白飯
　　　　（人民幣 $60）。各類沾醬味道比較重，吃過之後容易口
　　　　渴喔。

提到吃烤肉，在上海住久的朋友大概都會推薦本家烤肉。不止烤肉的品類多，無限量供應的各色小菜也讓人食欲大開。

餐墊上的烤肉食用方式漫畫

現點現做的開放式廚房

古銅色抽風管

 推薦菜:

老白吾桑格
烤牛舌
海鮮煎餅

位在韓國村井亭大廈後方的本家，是這區熱門的排隊餐廳，擠滿了攜家帶眷的韓國家庭和慕名而來的食客。走進店裡，映入眼簾的是琳瑯滿目的韓式小菜區，有各種醃蘿蔔、泡菜、魷魚絲、辣椒、蓮藕、牛蒡、大蒜、鰻魚和大醬。左側是包房，右側是開放式的用餐區，暖色調的燈光、木質系的餐桌椅與隔間、炭火的香氣與熱度，和屋頂懸吊下來一組組古銅色抽風管，營造出溫暖的空間，是我們一家人在秋冬經常來取暖的地方。

當我們剛坐定準備翻閱菜單，服務員已經送上了一個約莫一公尺長的大盤子，豪氣的排滿了十多種生菜，大白菜、芹菜、紫蘇葉、大葉生菜、油麥菜、黃瓜、青辣椒、海帶、薄切的地瓜片、紅蘿蔔，還有叫不出名字來的葉菜，第一次來用餐的人經常會一邊喊哇，一邊掏出相機拍下這碟像個迷你小菜園的蔬菜拼盤。

捧著大托盤的服務員繼續送上八碟前菜，佐優格黑芝麻的生菜沙拉、醃蘿蔔絲、泡菜、麻油拌豆芽、小魚乾、南瓜泥、涼拌蔥白絲和酸辣的醃蘿蔔冷湯。還沒點好菜呢，已經是一桌子擺得滿滿的。

本家，來自韓國首爾，集團由白種元主廚領軍打造了十多個餐飲品牌，在中國有二十多家分店，號稱是韓國餐飲界的神話。桌上的餐墊紙上白主廚化身綽

號「老白」的卡漫人物，介紹由他研發
的「老白吾桑格」。「吾桑格」是韓文
「牛五花」的譯音，選用牛的排骨筋道
部位切成薄片，據說每頭牛的身上只能
產出約一公斤的吾桑格。由於切的非常
的薄，平鋪到烤盤上只要幾秒鐘就變色
熟透了。吃的時候，可以選擇「肉捲菜」
或「菜包肉」兩種吃法。

　　第一種是把烤好的肉片，中央擺上
蔥絲、蒜片後捲起，沾上特調的桑吾格
醬料。或者從菜盤上挑選兩三片葉子為
底，依序堆疊肉片、蔥、蒜、各種小菜、
大醬和一小口的飯，把菜緣往中心提起，
就完成了像個小福袋的菜包肉。在韓國
傳統文化裡「包飯」象徵著「包福」，
大口的吃就能帶來好福氣，連妝容精雕
細琢的韓國女士也豪邁的吃著呢。

　　此外還有調味牛排、帶骨牛排、牛
舌、豬肉拼盤、五花豬頸肉等選擇，服
務員會在桌邊負責烤肉。熊熊的炭火燒
著，油脂、肉汁滴落發出滋滋的聲響，
埋首於肉捲菜、菜包肉的客人忙的不亦
樂乎。有別於臺灣人習慣的方式，烤肉
的趣味從 DIY 動手烤，轉為選蔬菜、沾
醬來搭配不同烤肉的排列組合遊戲，肉

小菜外賣

海鮮煎餅

無限量供應的小菜

烤豬五花

烤肉附贈的生菜

烤牛舌

老白吾桑格（吾桑格是韓文牛五花）

蒸雞蛋

食性動物在這除了能滿足大口吃肉的欲望，也能從陪襯的蔬食補充足夠的均衡營養。

同行的男士們紛紛拿起一整根的青辣椒沾點大醬來嚼，我也好奇的試了，瞬間噴火，趕緊喝幾口醃蘿蔔涼湯降降火，耐辣指數不高的人小心喔。

烤肉之外，這裡的宮廷炒年糕、海鮮蔥餅、石鍋拌飯、辣豆腐湯味道都不錯。我和女兒還喜歡蒸雞蛋，放在石鍋裡蒸得蓬蓬的雞蛋，送上來的時候還ㄅㄨㄞ、ㄅㄨㄞ的輕晃著，鬆軟的口感，綜合著蔬菜、蔥花的香氣，是道老少咸宜的佐餐小食。

吃飽之後，我們一家人會在小菜區挑幾道帶回家，第二天的早晨就用秤重量賣的醃菜和涼拌菜等熟食，做為稀飯的配菜。烤肉不用動手，採買現成的熟食，想想本家替主婦們省了不少的心呢。

DATA

本家

地址：吳中路 1339 號（近銀亭路）

電話：5118-2777

營業時間：周一～五中午 11：00 ～ 14：00，晚上 17：
00 ～ 22：00，周六日全天營業

貼心提醒：不喜歡排隊的人，最好避開用餐高峰時間，
上午十一點和傍晚五點多來，可以縮短排隊
時間。

日本 🇯🇵 築地青空三代目

尚青的日料築地青空三代目板前現捏的華麗壽司

在上海最受歡迎的日本料理，許多都是臺灣人經營的改良日料和主打海鮮暢吃放題的餐廳，真正由有經驗的日本廚師開的餐廳，價位不凡，多半從八百到一千元人民幣起跳。由於我們一家人經常到日本旅遊，在上海想吃日本料理的時候，就有勞日本好友推薦道地的家鄉味，跟著我一起走訪日本太太心目中的療癒系美食吧！

一樓板前的座位

到東京玩過五、六趟了，每次心裡都盤算著要到築地吃一碗夢幻海鮮丼，但夜貓子早上總爬不起來，或為了多撥些時間血拼而始終未能成行。沒想到，這個宿願竟然在上海實現了。

我在上海有一群日本飯友，都是非常歐夏蕾的時髦女性，哪裡有信價比高的美食就能見到她們的身影。最近她們大力推薦的是才剛從東京來到上海開設第一家海外分店的築地超人氣壽司——「築地青空三代目」。

「築地青空三代目」的店名意指餐廳源起於築地市場，歷經三代長達八十年的傳承，從祖父創辦的水產公司到三代目開始經營餐廳，在築地有專賣握壽司和丼飯以及銀座三越三家店。上海分店目前有三位來自日本，擁有超過十多年經驗的師傅長期駐店。訂位時特別跟服務員預約了板前的座位，希

望能近距離欣賞壽司師傅的手藝。

店裡的菜單厚厚一本，中午來當然要選擇划算的午間套餐，我們點了一代目餐，包含前菜、湯、小海鮮丼飯、八貫壽司和甜品。今天顧客並不多，幾組人都被貼心的分隔在板前坐著，各由不同師傅招呼。

前菜是蟹肉蒸冬瓜，幾乎沒有任何調味，吃得到食物的原味，也讓才從三十度高溫走來的我們，稍稍降溫。師傅擺上長長的壽司盤，並且解釋會從右至左，由清淡至濃郁一貫貫的盛上壽司。「玉子燒」甜甜的十分開胃；接著上場的是「雙層比目魚」，上頭是一小塊有著清脆口感的鰭邊肉、下面則是清爽的薄切魚身，一貫壽司兩種風味；「鮪魚鰭邊」有著亮麗的紅色，黃澄澄的日本柚子點綴在上頭，視覺華麗，咬下滿口的柚子香，感覺好時髦；「甜蝦」刷上淡淡的醬油，既脆又甜。

師傅離開了片刻，帶回了喜馬拉雅山岩鹽，在「干貝」上頭研磨著，像灑下片片的粉紅雪花，底層則是刷上檸檬汁；「鮪魚中腹」的油花分布得很

玉子燒

蟹肉蒸冬瓜

花枝

鮪魚鰭邊

喜馬拉雅山鹽岩

推薦菜：

中午的一二三代目套餐是頗優惠的套餐

甜蝦

星鰻

雙層比目魚

小海鮮丼飯

楊梅紅酒燉冬瓜

美，近乎入口即化；在燈光下透著光的「花枝」刷上淡醬油，搭配薑末，微微的薑辣襯的花枝更甜；「炙燒小鯽魚」和「烤星鰻」也好吃極了。八貫握司，每一貫都經過師傅巧妙調味，每一口都吃到尚青的海味和獨特的精致風味。餐前上的蓮藕豆腐味噌湯、小海鮮飯和甜點楊梅紅酒燉冬瓜，似乎是為了炎炎夏日而特別準備了消暑料理。

壽司師傅英文很好，同行的朋友是日語老師，板前內外愉快的交流也讓這頓飯格外加分。我稱讚師傅的葉雕盤飾手藝好，他立刻取出專業的刻刀，不到一分鐘就完成了松葉和白鶴兩件作品，還親切的帶我看了店裡完整的喜馬拉雅山岩鹽。離去時，師傅說能為三位美麗的女士服務是他的榮幸，我只能用主廚界的公關高手來形容他，心想難怪日本太太們會十分滿意這家餐廳呢。

♛ DATA

築地青空三代目

地址：長樂路 191 號 1-2 樓（近茂名南路）
電話：5466-1817
營業時間：中午 11：30 ～ 14：00
　　　　　晚上 17：30 ～ 22：00

餐廳環境

日本 🇯🇵 烟美 kemuri 爐端燒

日本朋友的療癒系美食

Michiko，是我的日本媽媽友。來自東京，擁有哈佛的學歷和在聯合國 UniCef 工作的經歷，
説的一口流利的英文，親切又風趣。我們經常聚在一起交流上海的生活經驗。同為美食愛
好者，只要試過的好餐廳，她總不忘替我帶張名片，推薦好吃的菜肴。

和其他日本太太一樣，家裡不請阿姨幫忙，清潔、採購、燒飯、洗衣服樣樣自己來，每天
清早送孩子上學，還能從容不迫的化好妝、settle 髮型。在校園裡，常讓素顏的臺灣媽媽
們感到汗顏。

餐廳環境

中午定食

香氣撲鼻的麻藥菌菇火鍋

服務員在桌邊將松露削片

用鍋底熬煮的雜炊

烤香鮑菇

黑毛牛牛小腸

到了周末，我所認識的許多日本家庭，會讓平日辛苦的媽媽放個假，全家人外出品嘗好吃的料理之後，下午就由爸爸陪伴孩子，給主婦們一點自由時間。因此好餐廳的情報在日本媽媽之間可是重要又熱門的話題。

延安西路的嘉頓廣場是上海較新的美食據點，群聚了許多道地的日本料理餐廳，每到晚上和周末都是日本客人。

「麻藥菌菇火鍋」一鍋十種包含黑松露、松茸、牛肚菌的高級菇菇鍋，湯頭非常鮮美，香氣馥郁清新，難怪推薦我來的那位東京醫生娘朋友，邊

說好像都要流口水了。涼涼的周日,這樣的暖意剛剛好。這火鍋點菜率超過 90%。

　　烟美總店在東京神樂坂,以江戶風格的木炭燒烤為特色,店裡最受歡迎的菜色是火鍋。好友說,想家的時候,這道火鍋就成了療癒的妙方。

　　爐端燒的蔬菜,蘆筍、牛油果、小松茸錫紙烤,海鮮的銀鱈魚、鰻魚,串燒的自家製帶軟骨雞肉丸,很嫩、甜甜的很香嫩。鹽烤或醬烤的雞腿肉,黑毛和牛牛小腸都好吃極了。爐端燒吧檯前有八個位子,許多日本男性客人就坐在那裡小酌,寂寞的心情都寫在了臉上。

　　不管走到世界各地,臺灣人和日本人很容易因緣際會成為好友。儘管 Michiko 全家幾個月前已經移居新加坡,但她騎著腳踏車,臉上帶著陽光般笑容的模樣,一直在我心中,希望很快的我們還能在某個城市相遇。

烤雞肉棒

烤蘆筍

烤酪梨

推薦菜:

一試難忘的
麻藥菌菇火鍋

DATA

烟美 kemuri 日本料理

地址:延安西路 2088 號嘉頓廣場 A127 一樓(近伊犁路)

電話:6070-2101

營業時間:星期一到星期五 11:30 ～ 13:30,
　　　　　18:00 ～ 1:00
　　　　　周末 12:00 ～ 15:00,17:30 ～ 24:00

いろり家
IRORIYA

炉端焼

日本 ▪ Iroriya 爐端燒

讓人驚呼連連的私房船之飯

Do-rei-mi 公主幼稚園唸的是日本人學校，學期末的重頭戲是 Sleep over in School，跟同學們在學校過夜、開營火晚會。我問其他日本媽媽們：「今晚你們做什麼呢？」大夥不約而同都要跟老公來場甜蜜約會。問過這群媽媽友們之後，她們推薦了 IRORIYA。

　　這兩年來起源於日本仙臺的「爐端燒」風潮也「燒」進了上海，在日本人群聚的古北有這麼一家店，每晚六點以後都會飄出炭烤的香味和廚師們元氣十足的吆喝。除了新鮮的各類海鮮、肉類、蔬果炭烤和生魚片，這裡最吸引人的招牌料理就是──「私房船之飯」──晶瑩剔透的鮭魚卵丼飯，搭配日本漁民傳統習俗表演上菜秀。

　　耳聞這道料理上菜時會讓人驚呼連連，心裡早有準備，但看到白飯開始洗粉紅泡泡魚子浴的時候，還是忍不住快要尖叫了。穿着黑衣、綁着黑頭巾的廚師先端上了一大碗白飯，中氣十足地用日語吶喊著：「現在可以開飯嗎？可以開飯了嗎？」然後其他幾位在廚房工作的廚師群和樓上、樓下的服務員很有默契的高聲

來自東京的料理長與店盤

大有招牌的器皿

爐前掛滿一夜乾
與新鮮蔬菜

烤一夜乾墨魚

烤杏鮑菇

烤雞腿　　　烤玉米

呼應：「嘿咻、嘿咻、嘿咻……」在沸騰的氣氛中，廚師持續地將一整盆的鮭魚卵澆淋在飯上，就像泡泡浴一般布滿碗中，接着咕溜咕溜地滑落、滿溢到盛裝的碟子裡。

　　從日本進口的魚卵很新鮮，吃的時候撒上蝦夷蔥末、哇沙米和海苔，奢侈的大口咬下，爆漿的魚卵在嘴裡像是花火一樣啵啵握作響，實在太過癮了。

　　從日本來的 IRORIYA 爐端燒在東京有五家店，上海是海外唯一的分店。板前掛滿自製的各式一夜乾和新鮮蔬果，來自銀座總店的料理長井福盟十分熱情，坐在板前位子，可以欣賞他料理烤物的過程，還會招待招牌小菜喔！

♛ DATA

IRORIYA

地址：延安西路 2896　　（近虹梅路）
電話：021-62616336
營業時間：晚上六點以後營業

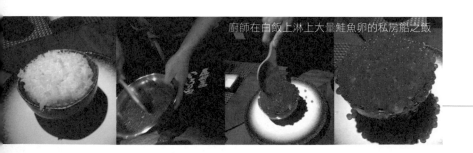

廚師在白飯上淋上大量鮭魚卵的私房船之飯

✗ 推薦菜：

鮭魚卵丼飯

PART 6

臺灣精神打造的
精致品牌

建國 328

讓魔都人、外國人都買單的好味道

建國西路上一家獨特的本幫菜館子，總是熱熱鬧鬧的坐滿了食客，上海話、日語、英語、法文、臺灣話和各種語言，在窄窄的兩層樓之間交織回盪。店雖小，這裡有讓全球知名的法國米其林三星名廚——Alain Passard 特別上門親嘗的「開洋蔥油拌麵」；英國首相卡梅倫造訪上海時，和領事館同仁一起佐著啤酒歡喜下箸的「特色紅燒肉」；還有每桌都會點上幾杯的臺灣冬瓜露調製檸檬紅茶，這些都是來到建國 328 必點的精采好料。

第一次來到建國 328，舊民房的古味，讓我彷彿走在爺爺奶奶萬華街道上的老宅。黑色的窗格、白色的牆，半掩半映在梧桐樹後。門上的牌子寫著，「無味精的家常菜，全館無菸環境，使用過濾淨水，好品質的大豆油。」開門迎接我們的是店主人 Karen，她，來自臺灣。

臺灣人賣本幫菜？不只上海人有疑問，臺灣人也好奇，「為什麼？魔都人能買單嗎？」

十二年前，在臺灣從事西餐業的 Karen，移居上海經營旅館。既是個吃貨，又對食材、衛生有要求，還期待價位合宜，最後索性開起符合自己標準的餐館。借鏡本幫菜一條街的老館子，保留濃油赤醬的精髓，推出升級版的家常本幫菜館。找到燒本幫菜已經幾十年的沈建明師傅，試驗出一套減油少醬，不添加味精的菜譜，包括冷盤、家常熱菜、麵點、河鮮、本幫老八樣桌菜和私房預定菜，當中又以麵點為特色。

「蔥油拌麵」和「陽春麵」，同為上海最經典的麵點，因為材料單純，也最考驗廚藝。麵的筋道、蔥油的香氣和開陽的鮮美，是三大關鍵。建國 328 用的是特製麵條，講究下麵的火侯，煮麵的時間掐到以秒計算，筋道才會恰到好處。長時間熬煮的蔥油，選用多種不同的蔥，複方出多層次的蔥香，再佐上拇指節般的大開陽提出香氣。上桌的時候，服務員會提議代為拌勻，可別等到慢慢拍照之後再

建國 328 外觀

英國首相卡麥倫與領事館同仁聚餐

米其林三星廚師 Alain Passard
曾特別來嘗碗蔥油拌麵

吃，麵的筋度已經改變，醬也不容易拌勻了。以蔬食原味料理贏得米其林三星的名廚 Alain Passard，就曾專程來到建國 328 吃一碗蔥油拌麵，飽餐之後還特別邀請 Karen 到他法國的餐廳彼此交流。

提到英國首相卡梅倫喜歡的「特色紅燒肉」，也是我每次必點的菜肴。平常吃上海菜，如果不是人多，很難點上一盆紅燒肉，分量十足的既甜又鹹，還有百頁結和滷蛋，大約要四五個人才能吃掉。這裡的五花肉切成小塊，秀秀氣氣的一小盅，裡頭加了鵪鶉蛋和鬆軟的栗子，香氣足但甜鹹度都減量，配著阿婆菜飯一起品嘗，很家常卻十分有滋有味。

菜單上還有我很推薦的菜肴。包括「竹網蔥香小黃魚」，以竹網為底，整齊的鋪滿半斤有餘，烤得綠中帶焦的蔥段，中間封著五條小黃魚，魚肉軟嫩細緻，蔥香四溢。樣子貌似普通腐皮卷的「腐皮臭豆腐」，油炸得很酥脆，用的是上海知名的清美臭豆腐，有點臭又不會太臭的味道，連老外都敢嘗鮮。鮮現點現蒸的「糯米紅棗」，許多餐廳都膩稱它為「心太軟」，上桌的時候才剛從蒸籠取出，因為熱氣足，糯米夠 Q 彈，紅棗夠香甜，誠意十足。需要事先預訂的私房菜，像是私

開陽蔥油拌麵

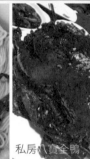

私房八寶全鴨

現點現蒸而很 Q 的心太軟

特色紅燒肉

紅燒元蹄

竹網蔥香小黃魚

醬爆豬肝

房八寶鴨、梭子蟹蒸鹹蛋、蟹粉兩面黃，如果是五六個人以上的聚會，不妨試試這些功夫菜。

從滿室的上海食客和門外等候的隊伍，看得出來這家臺灣人開的本幫菜館如今也收服了魔都人挑剔的味蕾。一個跟著我的微信貼文到處吃的上海太太說：「建國328好吃，儘管不是道道地地的上海菜，但好吃最重要，不是嗎？」

在建國328吃了好長的時間，跟Karen也建立起了友誼。聽她說為了學會做好麵，曾長期單槍匹馬到很偏遠的地方求教製麵奇人，連回到臺灣的短暫假期，也馬不停蹄的到處拜師學藝，真讓人佩服她的勇氣與毅力。事實上，離鄉背井來到上海打拚的臺灣人，大概都有一段能說上幾天幾夜的Long story。上海的臺灣同鄉，大家一起在異鄉加油吧！

腐皮臭豆腐

黃魚春卷

🍴 推薦菜：

竹網蔥香小黃魚
開洋蔥油拌麵
心太軟
黃魚春捲
酒釀圓子

酒釀圓子

DATA

建國328

地址：建國西路328號（近襄陽南路）
電話：6471-3819
營業時間：11：00-21：30
貼心提醒：店的位子不多，最好提前訂位。私房功夫菜需事先預訂。

PIRATA 是主廚們的深夜食堂

比拉達西班牙小酒館

PIRATA
Top Chef 與餐廳人口耳相傳的深夜食堂

夜深了，當上海最熱門的餐廳紛紛熄燈鎖門，結束忙碌的一天，新樂路上的西班牙小酒館——PIRATA 依然燈火通明、人聲鼎沸。

屋內、屋外杯觥交錯的人影中，許多是上海最赫赫有名的大廚與餐廳經營者。Ultraviolet 與 Mr. & Mrs. Bund 的主廚 Paul Pairet、el Willy 集團的 Willy Trullas Moreno、Sushi Oyama 的主廚 Oyama 桑，褪下廚師服後就像普通人般隱身食客之間，享受著美食、美酒與歡快的氣氛。

　　來自臺灣的清新美女主廚黃翎 Ling，在業界人緣很好，拗不過主廚好友們的請託，才經常臨時延長營業時間到凌晨。儘管開幕才一年多，這裡已成為 Chef 與餐廳人祕而不宣、口耳相傳的深夜食堂。

Ling 畢業於紐約美國烹飪學院（CIA）。曾任職紐約米其林餐廳 Picholine、新天地知名餐廳「T8」副主廚。之後受到當時也在上海的名廚江振誠力邀，遠赴非洲塞席爾群島，完成頂級渡假村 Maya 為期一年的餐廳建置計畫。重返上海後，Ling 擔任「齊民火鍋」行政總主廚，「el Willy」副主廚，「el Efante」總主廚。2013 年，母親罹癌驟逝，Ling 決定著手籌備 PIRATA。

深夜裡 PIRATA 依然燈火通明

三十多年前，Ling 的母親曾在臺北經營一家名為「紅海盜」的西餐廳，獨力撫養 Ling 和哥哥長大。小學五年級的 Ling 對廚藝展現了過人的才華與興趣，十八歲那年雖然考上公立大學，仍執意到美國學烹飪。黃媽媽一路支援著女兒的決定，甚至當 Ling 在非洲工作，她也不遠千里去探望。

海盜風格的布置

為了追憶摯愛的母親，Ling 和哥哥黃翔 Justo 決定攜手設立一家餐廳，取名「PIRATA」（西班牙語「海盜」的意思），並在隔年的母親節正式開幕。選擇開在新樂路，也是因為站在餐廳門口，就能看見媽媽辭世時住的醫院。這對兄妹把無限的想念與愛，轉化為相互扶持的力量，為了打造一處讓母親感到驕傲的餐廳而奮鬥著。

鵝肝醬吐司

每次到店裡，總能看到餐廳經理黃翔 Justo，以流利的英語、西班牙語，笑容滿面、禮貌周到地招呼著客人。而主廚 Ling 則在餐廳中央的冷廚區專注料理，兄妹倆一主內一主外合作無間。

PIRATA 網羅了地中海各地的料理，從西班牙、義大利、法國、希臘甚至到土耳其，並分類為一口咬（para

🍴 推薦菜：

鵝肝醬吐司
火腿起司泡芙
整瓶松露炒蛋
九層塔辣炒蛤蜊
烤整條章魚腿
西班牙鐵板飯
花生糖霜淇淋卷

花生糖霜淇淋卷

picar）、小口咬（small bites）、輕奢（Luxuries）、蔬菜、海鮮 Tapas、肉類 Tapas、當日招牌特色料理（platos del día）和甜點。

菜單最特別的地方是釘了一個罐頭拉環，象徵忠於西班牙用罐頭製作 Tapas 的傳統，由主廚挑選世界各國風味罐頭，以最近接原味的方式呈現。簡單一道前菜「地中海香草橄欖」，綜合四種不同的紅、黑、綠橄欖、蒜頭、青辣椒，以橙皮增添果香，非常開胃，同行的藍帶甜點師 Dora 悄悄清空了這碟小菜。

當西班牙國民小食 Tapas，經過 Ling 的細膩手法有了更精緻的風味。色澤金黃、渾圓的「火腿起司泡芙」，上桌時香氣四溢，溫熱酥軟的泡芙藏著伊比利火腿、Emmental 起司。還有每天早上用新鮮鵝肝製作的「鵝肝醬吐司」，以自製麵包為底，依序疊上生菜、火腿和撒著香料薄切成方塊的鵝肝醬，入口即化、豐腴卻輕盈。

Ling 也擅長於製作各種沾醬、調料，特別是「Romesco 杏仁辣醬」，用來佐食「烤蔬菜」、「加泰隆尼亞韭蔥」，馥郁的堅果香與厚味的辣，一入口有種百轉千迴的餘韻。

經常有客人打趣說：「PIRATA 是賣西班牙料理的日式居酒屋。」其實，有些熱菜一登場，臺灣客人大概都會不禁莞爾，發現臺式熱炒的影子。像是「碳烤臺灣烏魚子」和每桌必點的「九層塔辣炒蛤蜊」，用分量十足的酥炸蒜片、乾辣椒、九層塔炒出夠味的蛤蜊，也燒出一鍋鮮香濃郁的湯汁。許多主廚下班後都衝著這道菜而來，鍋裡的湯汁有人沾麵包、也有拌麵條，這是專屬於主廚同業的深夜福利。

推薦必點菜還有長如前臂的「烤整條章魚腿」，經過前一天長達七小時的醃製、按摩等處理，烤後的章魚腿肉切成段，宛如一道彎月般排列在木切板上，恰到好處的嚼勁與柔潤的口感，非常可口。

喜歡松露的話，可以選擇「整瓶松露炒蛋」，鐵盤上呈著鮮嫩的半熟炒蛋，灑上浸過松露油的黑松露片，誘人的香氣瀰漫在空氣裡，秋末冬初時還有季節限定的白松露，由主廚在桌邊服務刨片。

　　每週二至周日，牆上黑板會寫著當日招牌特色料理。像是週二有巴斯克地區的蜘蛛蟹肉派「巴斯克焗蟹斗」。週四吧臺上會擺著一隻剛出爐，用香料填滿後烤成色澤金黃、油亮亮的「脆皮乳豬」，表皮酥脆、肉嫩多汁，淋上萊姆汁、搭配夠味的血腸。

　　最令人期待的是周日才有的「西班牙鐵板飯」，用一只平時懸掛在牆上的十二人份超大鐵鍋烹煮，食材、作法經常推陳出新，據說有一位愛吃 Paella 的客人送給主廚一本記載兩百道西班牙鐵板飯作法的食譜，每隔段時間就到店裡指名不同的 Paella 品嘗。

　　這裡的酒主要來自西班牙，推薦 Chef Ling 特調桑格利亞和冬天才有的熱甜紅酒 Mulled Wine。餐後還有甜點胃的話，不妨試試很有臺灣味的花生糖霜淇淋卷。

　　「翎」，字義是華麗的長羽毛，黃翎 Ling 因著出眾的料理天分而在這個城市裡逐漸嶄露頭角，而她的哥哥黃翔就像是羽翼之下鼓動翅膀翱翔的助力。這對臺灣兄妹用著他們人生走過的歷程、風景、愛與被愛的經驗，面對著食客桌上的每一道佳肴。我猜想這就是「PIRATA」天天座無虛席的，那個祕密。

地中海香草橄欖

整瓶白松露炒蛋

大蒜辣炒蛤蜊

烤整條章魚腿

火腿起司泡夫

DATA

PIRATA 比拉達

電話：5404-2327 ／地址：新樂路 136 號／營業時間：週一公休，週二～
週五 18:00 ～ 24:00，週六 15:30 ～ 24:00

齊民市集外觀

齊民市集

天然的尚好！吃有機食材火鍋玩臺灣十八啦＋彈珠臺

懷舊彈珠臺

晚上七點半，火鍋吃到一半，店主人宣布「博十八啦」的時間到了。不分國籍的賓客，放下筷子，排成一列準備擲骰子。大多數的人，對臺灣的怡情小賭遊戲「十八啦」很陌生，但氣氛卻和桌上的小火鍋一樣，很沸騰。

吧臺上來自北太平洋的極地雪場蟹，價值人民幣 388 元，是今天的獎品。喜巴豆在大碗公裡跳躍，牽動著整家店客人的目光。今晚 Do-rei-mi 公主幸運的擲了個十二點，和另外兩人最後 P.K.。觀戰時，我雖然面帶微笑，心裡一直吶喊著「B.G., B.G., B.G」，最後儘管誘人的大螃蟹被隔壁桌贏走了，輸家還得「罰」免費啤酒一杯，熱鬧滾滾的臺式娛樂，讓一頓火鍋餐變得有趣。

這裡，是開在古北高島屋百貨的「齊民市集」。古北，早期是為了外僑特別開發的區域，樓房華麗美觀，道路整齊寬敞，櫻花、桂花、銀杏，在季節與季節變化中接棒綻放，整條街道因為精心設計的植栽，就像萬花筒般繽紛多彩。連街道的命名都分外隆重，尤其是以「黃金城道」步行街為中心的古北二期，命名貴氣逼人，像是榮華、富貴、紅寶、藍寶、瑪瑙、銀珠、翠鈺路等，加上完備的生活機能，吸引了許多日韓、臺灣、新馬等外籍人士入住。

走進古北，就像踏入一個文化小融爐，各種口音、進口超市、國際學校和特色餐廳，形塑了異國的風景，林立的餐廳如同各國文化的迷你 Showroom。

上海的齊民市集，和臺灣一樣都以有機小火鍋為主軸。2014 年秋季推出新菜單後，推出六款湯底，和鮮肉、魚鮮、手工丸、時蔬、主食等五大單點食鋪。更特別的是，融入臺灣在地風情，讓食客中午拉「懷舊彈珠檯」，晚上博「十八啦」，獎品是金額不等的優惠券和免費食材，不分男女老少，都玩得不亦樂乎，連帶也提高了店內人潮。

新的鍋底——「爐烤有機番茄牛骨湯」，用爐烤過的整顆洋蔥、澳洲牛骨翻炒，加入有機番茄慢火熬燉九小時，喝起來非常濃郁、酸香清甜，是人工火鍋粉料調不出來的新鮮味。想吃辣的時候，我會選「郫縣老豆瓣麻辣湯」。四川知名的郫縣老豆瓣醬被譽為「川菜之魂」，醬香濃郁、油紅有光澤、味辣而不燥，和十多種川式辛香料拌炒出香氣後，加入牛骨湯熬製，味道醇厚，辣度介於臺灣人熟悉的中辣小辣之間，吃完之後不覺得口乾舌燥。不含鍋底，同樣用郫縣老豆瓣料裡滷得很入味的麻辣豆腐，入口即化，單點每份人民幣 $18 元，實在不便宜，

解饞即可。

　　齊民市集隸屬於永豐餘，在昆山國家農業園區擁有中國、國際認證的有機農場。每天從農場直送的根莖、葉菜、芽菜、菇類，經過洗淨，一盆盆的展示在吧臺裡。最特別的是店裡現點現採的金針、白靈、黃金、椴木香菇，和秋季限定的猴頭等菇菇類，客人可以自己拿著剪刀、端著盆栽，一朵一朵的採摘後烹煮，既新鮮又有動手 DIY 的樂趣。

　　久住大陸的人，吃肉最擔心瘦肉精和抗生素殘留的問題，市售的豬肉還常有難以接受的異味。齊民的肉鋪訴求有機飼養，牛放養在科爾沁草原，吃天然牧草，生長週期是圈養牛的 1～2 倍，肥牛片、牛舌、牛小排粒，肉質鮮嫩、多汁。有機黑豬來自安徽大別山谷，喝山泉、食用有機穀物和蔬菜，放養超過半年，最後一個月進入排酸期，因此沒有怪味，油脂清脆香甜。海鮮部分，值得一提的是活跳跳的極地鱈場蟹、梭子蟹、北極貝，還有來自澎湖海鱷魚。

　　手工鋪裡的招牌海鮮牛軋糖，是用臺灣墨魚剁碎、捶打，加入毛豆仁和魚塊，先烤後蒸，白皙的魚漿、彷彿杏仁的毛豆，切成拇指粗的長條，吃起來就像是嚼勁十足的海味

餐廳中央

爐烤有機番茄牛骨湯

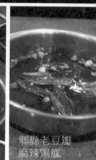
郫縣老豆瓣麻辣湯底

推薦菜：

爐烤有機番茄牛骨湯
郫縣老豆瓣麻辣湯

極地鱈場蟹

超值午市套餐88元起
ビジネス ランチ
午市套餐的組合

自製豆花

季節蟹肉餛飩　　　現點現採的菇類

海味牛軋糖和有機肥牛片

蛋餃與鹽酥雞

牛軋糖。時蔬年糕、包心三丁丸、季節蟹肉餛飩、手打鮮蝦滑、茴香墨魚滑，都是我們一家人必點的菜色。

　　說到臺灣味，餐後的店家自製豆花，豆香濃濃，加上黑糖剉冰的口感，好有家鄉味。還有泡沫紅茶店專用的透明大口玻璃杯裝的金桔檸檬，一口火鍋、一口清涼的飲料，一冰一火的爽快極了。

　　上海的火鍋店五花八門，北京、四川、潮汕、廣式、高原原生態、臺式、日式、韓國，從辣的、不辣的湯底，天上飛的地上爬的各種家畜、家禽、爬蟲、野生肉品、海鮮、大江南北的沾醬配料，花樣百變。好吃之外，我更關心的是食物的安全，這幾年部分火鍋店負面報導頻傳，朋友圈也經常聽說火鍋趴後，集體上吐下瀉的案例。臺灣人用心經營的火鍋店，天然的，放心些。

DATA

上海齊民市集

地址：虹橋路 1438 號高島屋百貨 7 樓

電話：6295-2117

營業時間：周一～周五 10：00 ～ 14：00，
　　　　　17：00 ～ 21：30
　　　　　周六日 10：00 ～ 21：30

貼心提醒：午式套餐 $88，包含鍋底、菜盤、丸類、海鮮或肉盤、沾料較為優惠。「臺灣十八啦」遊戲，每晚 7：30 ～ 8：30 間舉行。晚間的自助醬料臺並不是免費取用，每人收費 $8 元。

撈王鍋物料理

滋補宮廷料理暖心暖胃胡椒豬肚雞火鍋

我的好朋友兼老同事——小蝦，在知名酒商工作，找最 In 的酒吧、最新的餐廳，問她就對了。有一段時間她每周都在同一家火鍋店打卡，加上鄰居的幾對臺灣夫妻也常結伴在同家店消夜圍爐。「胡椒豬肚雞」這道陌生的菜名，一時之間彷彿很火。為了一探究竟，也為了在冷風刺骨的冬日裡取暖，我和其他九個臺灣吃貨好友組成的「食仁族」，特別在冬至這天來到撈王，而且還在十六家店當中，挑了裝潢新、排隊人潮也少一些的吳中店。

上海人愛吃鍋，四川麻辣鍋、港式火鍋、日韓式火鍋、北京涮羊肉鍋、海鮮鍋，各式各樣的鍋選擇海量多。還記得 1995 年初到上海，吃鍋還不算流行，當時嘗試引進臺灣熱門小火鍋的品牌，都因為口味太清淡而未能成功，老弟同學的父親經營了一家叫做「小木屋」的火鍋餐廳，想家的時候，老爸就會邀約全家人和好友來圍爐。如今，臺灣人經營的火鍋也因為走出了獨特的區隔，像是訴求養生的無老鍋、有機食材的齊民市集、頂級用料的橘色涮涮屋和滋補宮廷料理的撈王，成功的站穩了競爭激烈的鍋物大戰場。

來到二樓入口，屋頂上懸掛著白色天燈造型的吊燈（怎麼讓我聯想到了另一家臺灣的火鍋？）木質系的家具與隔間，牆面上齊齊排列的紅色燭光，形成了沉穩而溫暖的氣氛。

餐廳內部

爆漿手打蝦丸　　軟嫩略帶嚼勁的豬肚片　　　　皇上皇臘味煲仔飯　　　　　豬肚雞鍋

　　廣式煲湯豬肚雞原是為古代嬪妃安胎補氣的滋補宮廷料理，有趣的是月子料理現在成了老少咸宜的養身鍋。服務員十分熱情，對於怎麼點菜、怎麼依著順序享受豬肚鍋的一煲四味，做了詳細的解說。

　　厚實的砂鍋在爐火上蓋著鍋蓋等待沸騰，發出嘟嘟嘟聲響、邊緣冒出熱煙時就能大快朵頤了。用碗盛起奶白色濃濃的湯頭，邊吹涼邊喝一口熱呼呼的湯，的確十分香濃。鍋底是以大骨、老母雞熬製八小時，再加入豬肚片、崇明島閹雞塊、當歸、大棗、枸杞等中藥材，關鍵調味料是來自海南島的白胡椒，不嗆微辣，散發著香氣，一碗下肚全身頓時暖意升起。坦白說，豬內臟不是我的菜，但鍋裡的豬肚片非常軟嫩、入味，嚼來既有彈性又有甜味。至於久熬後的雞肉，菁華都貢獻給了湯底，大家整成了一小碗擺在一邊。

　　二吃是嘗野生菌菇，三則是品葷菜，包括丸類、肉片，四是各類蔬菜。圓圓胖胖的爆漿手打蝦丸一份六粒，端坐白瓷湯匙間，表面是經過反覆敲打才有的光澤、蝦肉纖維清晰可見，原是灰藍的顏色，一下鍋就變成粉嫩的橙色，咬下中心包著黃色滑溜的起司。滋補海膽丸綜合魚漿、海膽漿，蟹卵包融入蟹粉和蟹卵，ＱＱ的很彈牙，還吃得到粒粒分明的魚卵。

　　令人驚豔的是「皇上皇臘味煲仔飯」，用的是泰國香米，淋上臺灣米酒蒸煮，

再鋪上道地的廣式臘味，現點現煲約二十分鐘，上桌後掀開陶鍋蓋，香氣四溢。不儘米粒顆顆分明有咬勁，大量的鍋巴香香脆脆的，每一口都是米香、酒香、臘味香。原來是道銷魂煲仔飯！

　　當天我們還加點了麻辣鍋，試過後的心得是，下次單點胡椒豬肚鍋即可。佐餐的飲料馬蹄甘蔗水，一整壺加入了甘蔗、馬蹄、玉米、地瓜，微微的甜度，清涼降火。

　　撈王主打的是粵式火鍋，在我看來，它更具特色之處是臺灣獨有的精致服務。菜單上詳盡敍述了食材特色，點菜時只要在方格中勾選即可，用 Ipad 取代菜單固然環保又有科技感，拿枝筆、勾勾選選來點菜，就像在臺灣喝杯泡沫紅茶，輕鬆簡單多了。每位服務員胸前都配掛著自己的綽號，「小」字輩叫起來親切，最逗的是有自稱「豬肚雞」、「王老吉」的王牌服務員。對於餐廳裡的菜色，服務員多半能清楚解說，態度親切而不卑不亢，有些還挺幽默的。

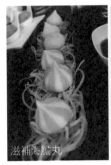

滋補海膽丸　　肉盤

推薦菜：

廣式煲湯豬肚雞
皇上皇臘味煲仔飯

各式調料沾醬

DATA

撈王鍋物料裡

地址：吳中路 1100 號炫潤國際大廈 2 樓 201 室（萬源路口）

電話：54225277

營業時間：11：00 ～ 2：00

分店資訊眾多，查詢店址與電話，
請上網查詢 www.laowangchina.com

菜盤　　馬蹄甘蔗水

Jin Republic 共禾京品

米其林三星餐廳副主廚的快時尚生活家飾店

　　我的母親是職業婦女,白天經營花店、教授插花,晚上回家燒飯,陪孩子寫作業,靠近媽媽身邊總能嗅到花兒與菜肴交織的味道。她還相當熱衷於變換家具與擺飾,住了幾十年的老房子,一點不顯老。媽媽的拿手魔法 -- 品味和巧思,那些因她而生的花香、菜香、和滿室繽紛的色彩,一直住在我的心裡,童年的美好回憶,甜甜的,像永不 Fade-out 的香水印記。移居上海後,我和 Do-rei-mi 也愛四處尋寶,尋找有點 fun 又時尚的家飾品和鮮花,隨著四季、節慶,給「家」玩變裝遊戲。

　　康定路、陝西北路一帶,林立著許多設計家具館與建材用品店。2014 夏季開幕的共禾京品,是一家結合時尚潮流家飾、花店、主廚烹飪、烘焙教室的多元化生活潮店,也是我最常選購家飾品的祕密基地。走進店裡,有種豐富的氣味,馥郁的鮮花、廚房爐火上不時傳來的食物與香料交織勾人的氣味,和滿室琳琅滿目餐具、廚具、薰香、擺飾、沙發、抱枕的獨特潮味。

　　共禾京品的品牌創始人 Barry,來自臺灣。曾是米其林名廚 Jean Georges 在紐約餐廳的副主廚,目前在中國擁有包括花馬天堂、Azul、Azul Urban、太泰、共禾食譜等幾家餐廳品牌。從料理人跨足生活家居的新事業,他以在紐約成長、法國、義大利遊歷的經驗,與充滿熱忱與獨創的觀點成立了共禾京品。

　　借鏡快時尚的潮流,共禾京品推出每周新貨上架的概念,訴求生活快時尚 (Home living fast fashion),由採購團隊從世界各國,如巴黎、法蘭克福國際家居會展中網羅品牌設計精品,並結合 In-house 設計團隊、委託廠商製造,以平易近人的訂價,持續推出充滿趣味、品味的生活精品。

　　店裡最吸睛的非「趣味時尚家飾」商品莫屬。「名人動物壁鐘」系列,幽默的將狗狗的臉合成在卓別林和愛因斯坦的頭像裡,「鑽石時鐘系列」有兩款造型,掛在牆上時是光芒四射的太陽,將一片片的太陽光向後折,就變身成鑽石立鐘。各種別處少見的時髦抱枕,訂價大約只要人民幣 $69、79,小貓抱枕可以放進微波爐加熱用來熱敷。彩色製冰盒能做出機械人、八字鬍冰塊,存錢筒是外星小怪獸,可以設定密碼的保險盒,偽裝成一本愛情故事書躲在書櫃裡。

另一類熱門商品是喝酒時用來助興的遊戲小道具，仿造 Bingo 遊戲設計的 Drinko，環繞在俄羅斯轉盤上酒杯，設飛鏢比賽決定誰來喝酒。此外也有醒酒器、造型酒杯等。

主廚開的店，少不了餐具與烹飪道具，實用性與設計感兼具的小道具琳琅滿目，店中央幾張長桌精心布置成宴會桌，配套的餐具、桌巾、盆花和擺飾，「有機系列杯盤」，有著洗練簡潔的線條，像朵浮雲流動在餐臺間；「普普風彩色小碗」有著活潑豐富的圖騰，其中讓人很心動的一套薰衣草色蕾絲 16 件套餐具，訂價人民幣五百有找。

此外，烹飪教室裡有五位曾經擔任主廚、經歷豐富的教師，在周末 Brunch 和下班的晚餐速遞 (Dinner to go) 兩個時段，讓學員一邊學習料理，一邊品嘗主廚大餐，還附加餐桌佈置、餐具、酒杯搭配的示範。教學的料理不以國界設限，主題設計也很貼近現代人追求快速、美感的需求，像是「30 分鐘搞定米其林水準美食排盤」、「用超市隨手可得的食材做出異國料理」、「用中華料理的傳統手法詮釋經典西菜」等。

老闆不對外透露的服務還有訂製私廚，依據預算設計菜單，已經有不少知名的臺灣偶像明星、名模坐進這裡的享受私祕的美食，前不久的信峰會還有總統級的長官也預約了這項服務。

幽默的名人動物壁鐘和時尚抱枕

喝酒時的趣味遊戲

色彩繽紛的餐具與家飾

愛情

花藝

DATA

共禾京品

康定路店
地址：康定路 361 號 (近陝西北路口)
電話：6216-0385

桃江路店
地址：桃江路 1-04 號 (東平路岳陽路路口)
電話：3356-1186
營業時間：11:00 ～ 21:00

JR Recipe 共禾食譜

紐約 Jean Georges 前副主廚的跨界餐廳

共禾京品的第三家店，除原有的時尚家居用品、烹飪教室與花店之外，還加入了跨界餐廳「共禾食譜」與咖啡館，由紐約 Jean Georges 前副主廚 Barry，打造一系列從盤飾、料理手法都充滿豐富想像力的無國界美食。

第一次嘗到 Barry 的料理是在 K11 的 Azul Urban，當我聽見主廚有著臺灣口音時，非常開心地和他聊了起來，那天的幾道肉類和海鮮的菜色讓人十分驚豔，我也因此成為餐廳的常客。

幾次的交流，認同他雖然來自米其林星級餐廳，卻捨棄選用昂貴原料，傾心於尋找平價好食材，反覆實驗、持續研發令人耳目一新的菜色。從小居住在美食之都—紐約，繼之遊歷於歐陸美食發源地——法國、義大利，他從亞洲的背景之中，探索出自成一格、中西交融的料理哲學。在他的菜單裡，西方的生菜沙拉，可以和泰式烤魷魚、柚子果肉、魚露混搭；法式煎鵝肝配上鮮蝦豬肉煎餃。不拘泥於國界或菜系，大膽想像與實驗，悉心烹調後，多番透過顧客試吃、修正，端出一道道結合東西方 DNA 的創意料理，成為上海這個繼保有中國底蘊又開放擁抱西方文化的城市裡，具有代表性的一路風格。

中午時段的共禾食譜，提供實惠的商業午餐，聚集附近白領階級用餐。到了晚上，則提供適合三五好友分享的菜色與雞尾酒。

午間商業套餐分為美式、東南亞和義式，主廚密製擔擔麵融合川味與臺式風味，微辣的胡麻醬搭配清爽的黃瓜絲，在炎熱的天氣十分開胃，附上例湯或小食，只要人民幣 $38，在淮海商圈裡是 CP 值超高的選擇。新加坡海鮮叻沙米粉，滿滿一碗的各式海鮮什錦，夠濃夠辣。

共禾食譜入口

晚餐時段的菜單，以 Feeling 分類的創意料理為主，融合了美式、義式與亞洲風味的無國界菜系。最熱門的前菜「三重奏麵包拼盤」，亮點是三款由淡至濃的自製風味沾醬，「味噌蜂蜜醬」、「大蒜酸奶醬」、「辣椒鷹嘴豆泥」。夏季的推薦招牌開胃菜是「香檳涼拌北極蝦」，選用清爽的極地北極

酒吧

重磅豬肉絲脆薯配三重醬料

共和食譜餐廳內部

蝦與洋蔥、黃瓜、辣椒，有趣的是涼拌的醬料排列在小黑板上並用粉筆寫著「魚露」、「青檸汁」、「黑糖水」，由食客隨意調配。

　　給肉食主義者的「重磅豬肉絲脆薯配三重醬料」，用磅秤盛裝滿滿一大盤的慢煮密製煙熏豬肉與酥脆的自製薯條，整整一公斤，搭配三碟「快樂美奶滋醬」、「性感番茄醬」、「忌妒泰式酸辣醬」，適合歡樂的聚餐，佐酒也佐八卦話題，有一次四個女生的聚餐才消滅了六百多公克。而被媒體譽為上海最好吃肋排之一的「碳烤祕製豬肋排」，分量十足，碳烤香氣濃郁，焦糖化的表皮酥脆，豬肉鮮嫩多汁，佐臺式醃泡菜、炸白花椰菜、大藏芥末。我最喜歡的一道菜則是「紅醬炭烤牛骨髓」，以香辣的紅咖哩調味的烤骨髓，上半部的膠質滑嫩、底層微帶嚼勁，滋味與口感都很銷魂。

　　海鮮類未見大塊文章形式的料裡，運用創意手法帶出大海滋味。「炸布里起司配魚子醬」，將球狀的布里起司炸得外酥內軟，表面配上魚子醬，趁熱咬下，溫暖的起司乳香與冰涼的海洋味道意外地搭配。「大蝦蘆筍春卷」蘆筍炸蝦春卷，口感酥脆，沾自製的香辣 XO 醬。

　　甜點同樣充滿創意，「黑巧克力布朗尼」用切小塊的無麩質黑巧克力布朗尼、椰子香草奶凍、新鮮樹莓醬、清新的羅勒、薄荷葉與咖啡粉，看似隨意地潑灑在原木托盤上，吃的時候，用湯勺玩 mix & match，每一口都有口感與香氣不同的排列組合，既好玩又好吃；「百香果慕斯」佐上白芝麻、酸奶、蔓越莓、肉桂，

當義午餐的新加坡海鮮叻沙米粉

最有趣的是灑上跳跳糖，端上桌時，糖在酸奶裡跳躍著，發出聲響，讓人迫不及待送進嘴裡，邀請這些翠綠的小糖點在舌尖上跳舞。

「共禾食譜」的餐廳入口是時尚生活家飾店「共禾京品」，有一次和來到上海出差的恩文哥相約在此用餐，這位熱愛料理也愛蒐集廚具的美食家，逛了許久才入坐，嚷著：「還沒開飯，錢包就要被掏空了。」想看緊荷包的人，閉著眼睛直奔餐廳吧！

DATA

JR Recipe 共禾食譜

地址：汾陽路 3 號 2 號樓一樓 (近淮海中路)
電話 :3356-3538
營業時間：10:00 ～ 22:00

黑巧克力布朗尼

加了跳跳糖的百香果慕斯

推薦菜：

香檸涼拌北極蝦
重磅豬肉絲脆薯配三重醬料
碳烤祕製豬肋排

質館咖啡

意識型態鄭松茂董事長的打造的精品咖啡

意識型態廣告公司鄭松茂董事長，在我還是廣告圈的小朋友時，早已是臺灣廣告界的傳奇。「中興百貨」、「司迪麥口香糖」一系列獲獎連連、引領潮流的廣告 Campaign 至今仍是廣告界傳頌的經典。這幾年，鄭董事長以他打造品牌的畢生絕學，雄心勃勃將源起於美國的第三波咖啡浪潮推向上海，企圖帶動新一波——「精品咖啡」的風潮。

賣起咖啡，董事長說是個意外，然而對於咖啡迷來說，這個意外挺美好的。

質館的精品咖啡豆

2012 年，第一家「質館」咖啡，規模非常迷你的創始舜元店在一間商辦大樓成立。我和一群臺灣好友經常相約在此，雖然認同一杯要價 $40 ～ $100 人民幣精品咖啡的價值，內心卻不免懷疑市場的接受程度，加上星巴克 Starbucks 等大型連鎖咖啡、韓國偶像加持咖啡館、各種個性小店的夾擊，於是大家約好一起以行動支持臺灣人賣的好咖啡。

短短三年，質館接連成立茂名、香港廣場、新天地、五角場、首信銀都等多家分店，更拓展出「調酒」與「翻糖蛋糕」的新領域。如今，上海質館，已是許多咖啡愛好者的祕密基地，熱愛咖啡界「精品」的潮男潮女粉絲們，甚至暱稱董事長——「花漾爺爺」。

還記得第一次來到質館，鄭董事長就替我們上了一堂「精品咖啡課」。所謂的精品咖啡是學術名詞，而非形容詞。咖啡豆須嚴選最適合的樹種、種在最適合的氣候、海拔及水土環境，經過謹慎日曬或水洗加工，精選無瑕疵的高級生豆，杯測後取得 SCAA（美國精品咖啡協會）評分標準 80 分以上，才能稱為精品咖啡。猶如五大酒莊的紅酒，部分稀有生豆還需到倫敦拍賣市場才能取得。

有了精品咖啡豆，店裡還設有「咖啡長」駐店，為咖啡豆的烘培、科學化的咖啡製作工藝把關。2015 年夏季新上任的咖啡長顏佳志，擁有美國精品咖啡協會頒發的證書，也是在中國唯一於義大利贏得義大利國際咖啡協會品質鑒定師、咖啡專家認證，同時也是國際大賽評審的人。

長達 26 公尺的銅龍吧

引進多部中國少見的咖啡機

手沖咖啡壺　　質館調酒

咖啡中的風味香氣

翻開 Menu，每一款咖啡除了詳細說明種植莊園、生產地外，還精心設計了風味雷達圖，將咖啡的「酸」、「甜」、「苦」、「醇」、「風味」量化標示，不管是不是咖啡達人，都能輕鬆按圖索驥。所有咖啡都採取淺烘焙，保留風味與果酸，時間允許時，咖啡師會提供剛研磨好的粉讓客人感受前中後段的香氣，再以精密測量的溫度、咖啡重量、水量與時間，手沖為冰與熱兩杯咖啡。先啜飲「冰咖」清除口中雜味，再從「熱咖」中感受豆子豐富而活潑的層次。

嘗試過多種品項，獨鍾非洲的耶加雪菲日曬，微酸、偏甜，具有豐富的草莓、巧克力、焦糖、花香風味與醇厚，還有帶著奶油、蜜橘子香氣的巴拿馬茉莉莊園。提到店裡最頂級與稀有的咖啡，像是中美洲巴拿馬的大馬禮瑰夏精品咖啡，目前仍在小量試驗性栽種，全球獨家販售。而最貴的柏林娜瑰夏蜜處理咖啡豆，單杯人民幣 500 元，是從倫敦全球咖啡豆拍賣會取得，獨特的蜜處理讓咖啡更加甘甜，有著清新果實氣味。

幾家分店各具特色，我很喜歡橫跨在兩棟樓間長廊上的香港廣場，走道兩側的玻璃窗邀請著窗外的陽光，照耀在彩色大印花的壁飾，感覺溫暖無比。新天地店融合了精緻餐飲、調酒與翻糖蛋糕。花漾爺爺特別向我介紹了蛋糕櫃上一個為來到上海參加活動的妮可基嫚特製的蛋糕，據說當巨星見到蛋糕時，感動得說不出話來了。

記得研究所畢業後回國不久，曾邀請意識型態廣告參與當時我所任職的電信公司開臺廣告，由於工作 briefing

的策略和目標不夠精確，還被領軍的鄭董訓了一頓。幾年過去了，鄭董是精品咖啡館的主人，我則成為精品咖啡的粉絲，從臺北到上海，從廣告主和廣告商，人的緣分，巧妙的在生命不同轉彎處再度延續。

質館將第三波咖啡浪潮帶向中國

2016 年元旦前夕，質館新天地店咖啡沙龍空間全新開幕。一道長達 26 公尺的金色黃銅吧，由遠處看來就像閃耀的金龍，靈感來自文人墨客吟詩作對、把酒言歡的習俗——曲水流觴。同時還引進國內難得一見的 Slayer、Thermoplan、Hario 等頂級咖啡機。同時，菜單裡還推出了一杯名為「展望紅寶石」，要價 $1010 元的咖啡，而在網路上引起了熱烈的討論。鄭董事長為打造潮牌又再度成功掀起話題。

♔ DATA

質館咖啡

質館舜元店
地址：長寧區江蘇路 398 號舜元大廈停車場入口處（近宣化路）
電話：4000277882
營業時間：10：00 ～ 22：00

質館香港廣場店
地址：盧灣區淮海中路 282 號北座 3 樓 NL3-01 室天橋上
電話：3315-0017
營業時間：10：00 ～ 21：30

質館新天地店
地址：盧灣區馬當路 245 號新天地時尚 1 樓（自忠路口）
電話：5383-2201
營業時間：10：00 ～ 24：00

質館翻糖蛋糕為尼可基嫚特別製作的蛋糕

鉦藝廊 鉦 Café

中西合璧的繽紛彩瓷

位於法租界中心的東平路上，有一幢雙層紅磚小洋房，鄰近現
為上海音樂學院附中的歷史名人故居旁，一樓是鉦藝廊，二樓
是知名的藝文咖啡館 Zen Café。

鉦藝廊外觀

推開小小的玻璃門門，滿室繽紛的色彩躍然呈現，店
裡陳列著許多融合經典與傳統的家居生活用品，用色奪目
且飽和的手繪彩瓷，一件件都有著生動的花鳥圖騰，盤子
上的牡丹和彩蝶，樹梢上小砌的鳥兒，芙蓉、紫陽、杜鵑、
山茶花栩栩如生。除了是實用的器皿，也是賞心悅目的藝
品。我曾經在臺灣的許多餐廳、商店看見 Zen 鉦藝廊的彩
瓷，看來這個品牌在臺灣的支持者並不少。

鉦藝廊的彩繪瓷器

目前鉦藝廊與四十個中國與國際原創設計品牌合作，
提供禮品、手繪彩瓷、室內香氛、薰香蠟燭、中國傳統手
工藝、原創家居用品、文具、燈飾等藝術用品。

二樓咖啡館的家具、陳設品，使用的餐具、茶具、咖
啡杯、盤子，都是 Zen 藝廊的產品。工作日的時候氣氛恬
靜，很適合在這裡點杯中國茶、起司蛋糕，享受輕鬆閒適
的午后。

Zen Cafe 的咖
啡杯與茶

火腿芝士
三明治

🍴 特別推薦：

手繪彩瓷和
精緻優閒下午茶

DATA

鉦藝廊 鉦 Café

店家地址：東平路 7 號（近衡山路）
電話：6437-7390
營業時間：早上 10:00 ～晚上 10:00

PART 7

家有寶貝的

選擇

香格里拉怡咖啡

「上海最好的自助餐廳」裝置藝術中的美食遊樂園

雖然我不是Buffet的頭號粉絲，但被譽為「上海最好的Buffet餐廳」——浦東香格里拉「怡咖啡」，太有趣了，吃飯像遊一趟食的樂園般歡樂，非常適合一家人共度愉快的Sunday brunch。

　　位在浦東香格里拉酒店二樓的怡咖啡，才接近就能聽到許多孩子的笑聲，第一次造訪的食客，不分年紀都會忍不住「Wow」起來，連吃飯很少掏出相機拍照的老外，也在餐廳各個角落紛紛對著充滿童趣的裝置藝術和食物猛拍。就像走進一場歡樂園遊會，邊吃邊玩。

　　站在餐廳門口迎賓的是手中捧著甜品籃的金屬少女雕塑，身旁矗立一座銀色摩天輪，每一節小車廂都擺滿了愛心型的棉花糖，中央貼著今日掌廚的廚師群相片，緊臨的是堆滿彩色雷根糖、高達天花板的展示櫃，中央擺著五顏六色的軟糖和小紙盒，小朋友們乖乖的排著隊伍，選擇喜歡的口味，一勺一勺的裝滿小紙盒帶著走。Yes, all you can eat and all you can take away candy bar.

冰淇淋

今日掌廚師傅與免費取用的棉花糖

現點現做的可麗餅

歡迎光臨糖果屋

走道中央的水果單車

粉色系的甜點

特別推薦

六歲以下兒童免費。

下一個區域是現場製作的糖葫蘆、巧克力蘋果棒、棉花糖、爆米花、黑白雙色的巧克力噴泉、可麗餅、冰淇淋、DIY爆漿泡芙。夢幻多彩的甜品，光用看，就已經令人胃口大開。

2014年春季全新改裝的怡咖啡，是由著名的餐飲業設計師Febrice Canelle與行政主廚Ulrich Jablonka聯手打造而成的食物裝置藝術展，將Window shopping的概念貫穿在餐廳的每個角落。

水果，就擺在走道間的腳踏車籃。沙拉吧也彷彿是清晨的蔬果市集，將新鮮欲滴、色彩繽紛的蔬菜，整齊的擺在綠色圓筒裡，各種風味的dressing裝在透明小試管裡，選擇之後交給廚師現點現拌，還可以放在冰淇淋甜筒裡吃，調味好的沙拉則用最近十分風行的密封罐包裝。

餐廳最精采之處，是宛若十種菜系料理舞臺的十個開放式廚房，廚師們的烹煮過程，如同「生活

頻道」裡的主廚競賽實境秀。西餐的熱菜小分量的
盛在漂亮的小餐盤，帥氣的外籍廚師們，一邊在烤
爐、煎鍋前瀟灑料理，一邊和取菜的客人們閒談。

　　亞洲菜系更分為馬來西亞、泰國、印度、香港、
上海等區，由來自當地的廚師彷彿較勁一般端出道
地菜色，拉麵師傅奮力的和著麵糰、拉麵，港點師
傅推出烤得金黃油亮的乳豬。在上海嚐過許多「傷
心」料理，尤其是東南亞和印度菜，所幸，這裡的
叨沙麵和坦都拉烤雞都很道地，下麵的、烤餅的幾
位師傅還相當風趣親切。

　　料理人賣力演出，食客也熱情回應，用力取
餐。每次上怡咖啡，都得提醒全家人穿上寬鬆的衣
服，以免凸肚外露。

　　好消息是六歲以下兒童免費，如果你們家的寶
貝最近很乖，不妨周末陪他們一起來看看美食樂園
吧！

烤肉區

方便取用的小分
量餐點

海鮮區

中西式的糖葫蘆

印度菜

DATA

香格里拉怡咖啡

地址：富城路 33 號香格里拉酒店紫金樓 2 樓（近名商路）
電話：6882-8888
營業時間：早餐 6：00-10：30，工作日午餐 11：30 ～
　　　　　14：30，周末午餐 12：00-15：00，晚餐
　　　　　18：00 ～ 22：30
貼心提醒：提前預定座位。餐後全家人可以到酒店旁的
　　　　　濱江大道散步，從浦東角度欣賞外灘景色。

配上餅皮、燒餅八種吃法　　酥不膩烤鴨

大董中國意境菜

酥而不膩正宗北京烤鴨上海也吃得到

中國有句話，「不到長城非好漢」，北京去了好多次，公事太多太忙，連長城的影子都沒瞧見過，只好自我安慰再接上一句，「不吃烤鴨非吃貨」。烤鴨嘗過了，京城之旅也就不虛此行了。

　　「北京烤鴨」大概是中華料理當中最馳名中外的一道料理。具有百年歷史的「全聚德」、「便宜坊」，奠定了它名聞天下的基礎，而後起之秀「大董」，以獨樹一幟的「酥不膩烤鴨」和「中國意境菜」，將北京烤鴨推向了更高的境界。

　　北京奧運會期間，二十多國元首齊聚大董餐敘，而國際奧委會主席薩瑪蘭奇對酥不膩烤鴨更是驚為天人，還當場揮筆盛讚：「這裡的烤鴨，可以拿一塊金牌！」北京 APEC 會議期間，日本首相安倍在大董吃烤鴨，美國第一夫人蜜雪爾

造訪中國，第一站也被安排在大董用餐。大董，不僅深受老饕喜愛，更是中國最具代表性的國宴餐廳。

還記得第一次造訪大董，坐在古意、詩意盎然的包房裡，廚師在桌邊片著剛出爐的烤鴨，依照服務員的建議，我們先夾了一片烤鴨皮沾上些許白糖，原本熱騰騰、酥酥的皮才送進嘴裡，它……竟然瞬間化開了，留下滿口鮮甜的鴨油與爐烤的香氣，奇妙的滋味像是含了一顆鹹甜綜合的奶油爆米花。搬到上海之後，也試過幾家評價不俗的烤鴨，但我只能說，吃過大董的「酥不膩烤鴨」，回不去了，風味、口感，到師傅片皮、片肉的手法，實在差了好幾條街。

幸好，2013 年秋天，大董首次跨出京城，在國際精品林立的上海靜安寺周邊開了分店，吃道地「北京來」的烤鴨，成為上海的流行重鎮——南京西路的流行元素之一。

周末假日，帶著 Do-rei-mi 公主，想讓她試試爸爸媽媽心目中第一名的烤鴨，事實上也想驗證看看，北京大董在上海，是不是一樣好吃？

烤爐裡淌油的烤鴨

來到上海，大董刻意打造出更現代、流行的風格，潔白簡約的基底色搭配炫目的藍紫燈光，餐廳中央設置了三座偌大的烤爐，就像全場關注的舞臺焦點，食客的食欲也隨著熊熊的火焰和爐中表皮冒著油珠、色澤金黃的烤鴨不斷的上升。烤爐旁圍繞著許多帶著相機的食客，烤鴨師傅們也顯得非常樂意將滴淌著鴨油的烤鴨，用長桿子架著，供人拍照。照片一拍完，邊上的工作人員立即利落的抹乾地上的油水，等待下一位比出剪刀手的觀光客。

我和女兒也湊了熱鬧拍好照之後，服務員送來搭配烤鴨的白糖、甜麵醬、黃

瓜條、蘿蔔條、蒜泥、蔥等八種調料，還有一籃荷葉餅和芝麻燒餅，還說明了八種吃法。一會廚師用餐車推來了我們的烤鴨，三斤多的鴨外觀飽滿，油亮亮、呈現漂亮的棗紅色，他率先將鴨去頭、開胸、分腿、片皮，專注又迅速分解成大約九十來片、大小整齊化一的鴨肉。見他兩隻手臂都布滿燙傷後留下的印記，廚師告訴我：「這不打緊的，習慣了。」如此泰然，就像戰士們早已看淡滿身的傷疤。

Moment of truth 即將揭曉，從來沒吃過烤鴨的女兒，跟著我們先按老樣子，夾了皮沾上方粒白糖，等待回味印像中難忘的曼妙滋味。我和 Mr. D 異口同聲的說：「和北京一樣好吃。」上海的大董用的是北京直送冬季最肥的白鴨，以蘋果木掛爐，以標準製程，烤出原版「酥不膩」烤鴨。嘗過了第一種吃法，Do-rei-mi 樂得像辦家家似的隨意搭配玩著吃，隨興調配沾醬、或包在薄到透光的荷葉餅和酥脆的芝麻燒餅，都各有滋味。鴨架子可以選擇打包或燉湯，湯色奶白奶白的，有股濃郁的鴨味。

大董的創始人董振祥，是一位傳奇的烹飪大師，以獨創的「中國意境菜」顛覆了傳統中華料理的概念與手法。不僅

推薦菜：

酥不膩烤鴨
山楂鵝肝
董氏燒海參

桌臺上廚師烤鴨的過程如同一場表演

黑白雙冊菜單綁著毛筆

片鴨的廚師手臂佈滿燙傷留下的傷疤

色香味俱足，料理的命名、構圖排盤與文字說明，大量植入了中國繪畫的寫意技巧、古典文學的意境之美，豐富也精致了菜肴的生命，讓餐桌上的風景美如一幅幅的畫作。

翻開以毛筆裝飾的黑白色兩套菜譜，內容精致非凡。每道菜除了詩意的名字，還搭配了詩詞或短文來闡釋料理的意境。好比一道醉蟹，就給起了「秋蟹映月」的好聽名字，用了「人生得意須盡歡，莫使金樽空對月」來描述背後的意涵。又像是「董氏燒茄子」，配了「東籬把酒黃昏後，有暗香盈袖」。讀菜單，難得如此詩情畫意。

除此之外，大董也運用了中西合璧與分子料理的創新概念。好比店裡的名菜——「山楂鵝肝」，菜如其名，盤中十來粒狀似山楂的圓球，一半是鮮豔的酒紅色，一半是暗紅色，偽裝分子是酒紅色的那一半，內餡是香濃滑嫩的鵝肝，而正版山楂則用白糖煨到入味，一口法式鵝肝再配上一口中國特有的山楂，中西完美交融，不但生津開胃、解油膩，更來一種驚喜的新風味。

當天，我們還點了墨魚汁文思羹、酸辣海鮮疙瘩湯、春筍豌豆小時候、透亮素包子、老北京糖餅豆漿冰淇淋，每道菜都非常推薦。雖然我不吃海參，「董氏燒海參」是大董的經典名菜，也是大董的招牌菜，每每提及大董，愛飯團團長 Cindy 都不忘提及「董氏燒海參」是她的心頭好菜。

墨魚汁文思羹

山楂鵝肝

透亮素包子

董式燒海參是大董名菜

南瓜奶油栗子湯

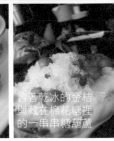
冒著乾冰的金桔與藏在棉花糖裡的一串串糖葫蘆

北京四樣點心

奶白色的鴨架子湯

餐後附點三部曲
小米粥、芝麻糊

春筍碗豆小時候

　　餐後附贈的三道點心，讓大人小孩都興奮。有噴著乾冰上桌的金桔，插在花盆裡的蒲公英棉花糖，裡頭還祕密隱藏了山楂、草莓、豆沙餡的山楂糖葫蘆、小米粥和芝麻糊。Mr. D 點了北京四樣點心，地道的但太清淡了，在一頓有滋有味的大餐後享用，有些可惜了。

　　唯一遺憾的是，女兒點了碗南瓜奶油栗子湯，碗碟上繪有紅花，一旁還有三瓣玫瑰，襯托豔黃的金瓜特別好看，噹一聲，碗碟都跌碎了，帳單上一條「客破」的項目，半隻鴨子就醬子飛了。記得，下次來，當心別把碗盤給摔了。

DATA

大董中國意境菜海參店

地址：南京西路 1601 號越洋廣場 5 樓

電話：3253-2299

營業時間：10：00～22：00

貼心叮嚀：最好提前三天預約，下午兩點以後的時段人
　　　　　潮較少。再說一次，千萬別摔破碗盤。

翠園港式飲茶

人氣排隊新美食地標

長長的排隊人潮，有時候並不是「包好吃」的指標，所以呢，在前進熱門排隊夯店前，Peggy 會多方求證再行動，畢竟要穿著高跟鞋罰站，必須得值回票價才行。上海靜安寺新開幕的「嘉里購物中心」，儘管因為許多大品牌都還在裝修中而人潮不多，但由於隸屬於香港美心集團的「翠園」進駐，不分平日假日，總是排滿了想嘗鮮的食客，據說直到幾個月後的周末都訂滿了，現場候位也經常要個把小時。經過一位家裡也經營頂級餐廳的好友多次推薦，今天找了美食同好早上十點集合完畢，準備早早卡位、一探究竟。

早起的鳥幸運的坐上了第一輪座位。入座後桌上擺了五六本菜單、飲料單，藏青色的桌布中央繡著 Jade Garden 的字樣和花卉圖騰，配套的餐具同樣有著精巧的圖案。最先上桌的是「雀籠小點」，用深褐色的雀籠提籃擺放了雙層點心，蒸點裡有款鯉魚蝦餃，橘紅色的外觀仔細點上斑斑的魚鱗，閃閃發出油亮，姿態好像繞行著蒸籃悠游，唯妙唯肖。炸點裡的芋頭鮮蝦餃，露出了翹翹的蝦尾巴，外皮炸得酥脆、內餡芋香濃郁。

盼到好友數度提及的「流沙奶黃包」，剝開白胖的麵皮，傾洩而出的是香氣撲鼻、細緻的奶黃醬，好好食。起初不很理解的一款菜名——「老娘菠蘿包」，端上後就明白了，高頭大馬的約是流沙包的五倍之大。耐心等我們拍完照片，服務生從側邊攔腰切出個小開口，熟練的放入一片厚奶油，切成四份。一口咬下，表皮香酥、麵包鬆軟、混合了溶化的奶油，大家停止聊天專心完食，有趣的是裡

推薦菜：

雀籠小點
流沙奶黃包
101 鮮果拿破崙

桶仔豆腐花

老娘菠蘿包

生煎包

頭還包了鳳梨肉，是名副其實的菠蘿包。

　　豪吃四人團儘管都是注重身材的人，卻對幾款甜品也投降了，其中店裡人氣 No.1 ——「101 鮮果拿破崙」，同樣是巨無霸尺寸，薄脆的酥皮和甜度適中的卡士達醬、芒果、鳳梨、草莓鮮果粒，層層疊疊出清爽可口的風味，還佐上香香的粉紅棉花糖。香港特有的「桶仔豆腐花」，豆香馥郁，吃得出純度和誠意，湯裡沒加糖，吃的時候用小碟裝的蜂蜜和花生糖粉調味，非常道地。

　　結帳離開時，外頭坐滿等位的人，上海人為了好味道總是不惜排隊久候，吃了這一餐，我可以想像這番折騰所為何來。

雀籠小點

鮮果拿破崙

DATA

上海翠園港式飲茶

地址：南京西路 1515 號嘉里中心南區 S 幢 4 樓 01 室
電話：5243-8088

207

鴻星海鮮

蕙心巧手 Q 版卡通點心

翻閱兒時相本，有好多張相片都是牽著爸媽的手，在周末的中午和親戚、鄰居相約飲茶的合照。「港式飲茶」曾是孩堤時最愛的美食，喝口冒著熱氣的香片，眼光追逐在擁擠座位間穿梭的點心推車，纏著推來杏仁豆腐、奶油燉白菜的阿姨，巴在玻璃窗看煎著蘿蔔糕的廚師，笑咪咪的吃著一桌子堆得高高的點心蒸籠，交織成童年難忘的回憶。於是，當我也為人父母後，也總愛帶著孩子吃飲茶，只是當年熱門的點心推車已然少見，取而代之的是更加Fancy的新玩意。香港鴻星海鮮酒家去年在上海開了第一間分店，主打「醜魚多滋味」的石頭魚料理，醜魚的確肉質柔滑、入口即化，但略帶土腥味，淺嘗即可。

倒是店裡的卡通點心，不僅好吃而且造型超 Cute。橘豔豔的王老虎，額頭上畫著王字，表情可愛好像溫柔的小貓咪，裡頭包著彈牙的蝦仁、爽脆的蔬菜、粉

開水白菜

金牌扣肉

臘味煲仔飯

絲；白泡泡的石頭魚餃，比本尊好看多了，扁胖的
線條上點了兩隻靈巧的黑眼珠，內餡是軟如棉花的
魚肉和蝦肉；胖胖的熊貓包上桌時，大人小孩都忍
不住說：「卡哇伊！」甜餡是整顆的核桃、芝麻和
綿滑的奶皇。

　　鴻星在香港有二十多家分店，卡通點心是店裡
的人氣美食，在上海，周末早晨的鴻星大排長龍，
想吃太起早來願意花時間排隊。

推薦菜：

立體卡通造型點心

卡通點心

石頭魚餃

翡翠鵝肝凍

DATA

鴻星海鮮酒家

地址：紅松東路 1116 號元一希爾頓酒店 1-2 樓 A 室
電話：6401-6770

PART 8

一個人的時候

簡單卻不寂寞的美食

夠味的牛肉酸辣粉　　　　和臺灣的生煎包不同，收口朝下煎成金黃。　　　小心爆漿又燙口的湯汁

小楊生煎包

大排長龍的上海國民美食生煎包

中午 12 點的 Reel Kitchen ——芮歐百貨 B2 美食廣場，聚集了南京西路周邊和地鐵靜安寺往來的人潮。臺灣人經營的東一排骨、麻辣香鍋、貢茶、鮮芋仙人氣強強滾；而道地的上海國民美食—小楊生煎可能是人龍最長的一個攤位。

　　輪到我的時候，店員問：「生煎要幾兩？」這，可難倒我了。在大陸點餐經常以重量為單位，廣東喝粥論斤，北京吃餃子計兩。胡亂猜了：「兩兩。」店員鏟了八個煎包給我。當我跟 Mr. D 聊起這件事時，他說當年隨口要了五兩，一餐吃了二十個生煎。

　　剛起鍋的煎包，白白胖胖的身軀，灑滿了芝麻和蔥花，冒著騰騰白煙。我輕輕咬了一個小口，讓滾燙的肉湯滑進湯匙，據說很多急性子的人吃生煎都會被爆

漿的熱湯燙傷嘴。

嘗起來湯汁很鮮甜，祕密是用整塊的豬背皮，熬煮、切碎、冷藏十幾個小時而成，肉餡很單純，是豬背加後腿的精瘦絞肉，不加其他蔬菜配料。麵皮以老麵發酵，皮薄而軟，微帶筋度，包著結實的肉餡。煎的時候收口朝下，煎得金黃焦脆。吃的時候上顎咬的是脆皮，下顎是軟皮，入口的是芝麻、蔥花、豬肉連餡帶湯的風味。

搭配煎包的通常是碗熱湯，百葉包麵筋、牛肉酸辣粉、精肉小餛飩、大骨頭粉絲湯。剛起鍋的煎包吃上兩三個，帶著熱氣的油膩感會讓人覺得美味，當溫度下降，油脂凝結，那喉頭的膩，非得靠著熱湯來解。我最常點的是牛肉酸辣粉，吃起來很像四川的白家酸辣粉，厚厚一層辣油浮在碗上，黑醋的氣味撲鼻，爽滑的粉條吸附著既酸又辣的湯汁，大口唏哩呼嚕的喝下。油膩膩的煎包和熱辣辣的牛肉粉，搭檔起來實在很過癮。

臺灣街邊常見掛著上海生煎招牌的小攤，豬肉、高麗菜、韭菜混著粉絲，收口朝上，焦脆的是煎包底部，吃的時候刷上醬油膏和辣椒醬。儘管起源於滬上小吃，臺灣生煎包已經演化成臺味十足的版本。上海人吃生煎饅頭始於上個世紀，是賣茶的老虎灶兼營的一道小吃，並不添加蔬菜，至多是添些大蝦、蟹粉這類河鮮，內餡的調味很單純，忠實呈現豬肉的原味，沾料是醋和辣椒油。有些用料不好的煎包，那股豬騷味很讓人受不了。此外，煎包的收口朝下，讓頂部的餅皮吃起來像油分較多的酥脆麻花捲。

小楊生煎雖有近二十年的歷史了，在生煎包的世界只能算是後起之秀。老上海最愛的大壺春、東泰祥生煎館這些老字號，還是人們念念不忘的正宗滋味。只是現代化經營的小楊生煎，採取開放式廚房，買單後叫號取餐的新穎做法，很受年輕一輩的歡迎，人潮總是絡繹不絕。

有空的時候我喜歡站在廚房玻璃窗外看煎包子的師傅工作。一個人要同時操盤看起來很沉的兩個圓形大盤，每隻鍋裡裝有 120 個包子，右手拿鉗、左手隔著

一鍋約 120 個煎包

隔著玻璃窗可以觀看
廚師煎包子

推薦菜：

原味豬肉生煎包＋
牛肉酸辣粉

抹布緊扣鍋緣，稍一不慎就要燙傷了。看他多次注水，舉起沉重的盤爐先是 45 度角的傾斜，然後在灶上來來回回的旋轉，時而悶緊爐蓋，再俟時掀蓋釋放水氣，每個動作都是煎出好包子，不能偷斤減兩的技術。

剛起鍋的包子是最好吃的，買了票之後，我會先瞧瞧新一批的煎包是不是快完成了。用餐時間，這裡排隊的人潮沒停過，想內用，幾乎每張桌子都得併桌，邊吃還要小心不跟同桌的客人對上眼睛尷尬，還得應付那些想排隊坐下來、緊挨著桌子站的客人，吃頓飯壓力超大。又油又膩的一餐很經飽，是經濟實惠的選擇，但環境並不太舒適，想體驗上海國民美食，或者想速速解決一餐，偶爾一嘗還是不錯的。

DATA

小楊生煎

店家地址：吳江路店吳江路 269 號湟普匯二樓（近茂名北路）6136-1391

查詢分店地址網站：www.xysjg.com

貼心提醒：小楊生煎一份是一兩四個，定價六元，大蝦口味定價十六元，搭配湯的套餐，較為划算。冷掉的生煎會有油膩感，要趁熱吃，起鍋太久的生煎變涼就選得油膩，不建議購買。

蘭桂坊酒家

紅火了十幾年的上海老麵館

上海的虹橋地區，有一家紅火了十幾年的老麵館，讓吃過的許多臺灣朋友都念念不忘，之前參加愛飯團活動認識的飯友和咱們團長，只要到了上海就會抽空來吃上一碗。這幾天與好友相約造訪這家知名老麵館「蘭桂坊」，朋友的老公是在上海住了十餘年的老饕，夫妻倆推薦的必點菜色是「雪菜黃魚原汁煨麵」、「鴛鴦蟹粉拌麵」和「蘭桂坊大排骨」。

每到用餐的尖峰時刻，附近辦公樓的上班族和慕名而來的觀光客，會把這擠得人聲鼎沸。為了錯開中午的人潮，我們下午一點半才走進麵館，一樓約莫五張大圓桌四十來個位子，都是併桌的客人。找到了空位，服務員粗聲粗氣的說：「坐這唄！」果然是吃美食不講服務的館子。

　　點好菜不過三分鐘，「蘭桂坊大排骨」就跟著一瓶辣醬油上桌了，出菜速度相當有效率。整塊醃過不沾粉，炸得酥脆的排骨，味道很香，肉不太厚，表層金黃、裡頭粉嫩，和臺灣的炸排骨口味相似。吃的時候，得像上海人一樣，大方的澆下泰康黃牌辣醬油，儘管嘗不出什麼辣味，但潤潤鹹鹹的，十分唰嘴。

　　「雪菜黃魚原汁煨麵」濃郁的奶黃色湯頭，是將黃魚仔細去頭、尾和魚刺後，以文火慢煨兩個多小時，熬出魚香四溢卻仍清爽的好湯，入口後是醇厚的甘味。切成小方塊的魚肉量不算多，沒有腥味，咬下略有彈性，蹦出鮮甜。麵是自製的雞蛋麵，淺淺的黃，圓圓的麵條筋度恰到好處，沾上了魚湯，讓人忍不住連吸帶咬的大口吃下。江浙一代的人歷來愛吃黃魚，民間更有「無黃魚不成宴」的說法，這道慢工出細活的功夫麵把黃魚的鮮美表露無遺。

　　經過十來分鐘，需要現點現炒的「鴛鴦蟹粉拌麵」登場，麵的上面鋪滿了厚厚的一層澆頭，裡頭有金黃色的蟹黃、透明軟Q的蟹膏和蟹肉白白的、一絲絲的纖維，以薑、蔥、糖和黃酒調味，太白粉微微芶芡。愛吃蟹的人通常吃大閘蟹是雌雄一對的吃，嘗蟹黃、蟹膏不同的風味，這一碗麵同時融合了雌雄鴛鴦雙蟹的菁華，的確是讓人回味無窮的

在蘭桂坊吃麵，要做好拚桌的心理準備

蘭桂坊外觀

蘭桂坊大排骨，吃的時候
要沾上泰康黃牌辣醬油

雪菜黃魚原汁煨麵

招牌鮮絲麵

奢華鮮味。

　　負責管帳的阿姨很親切，她說店開了十七年，麵的風味始終不變，不只當地人愛吃，經常有臺灣、香港客人看著旅遊書到此一遊，和我們同桌吃飯的就是來自香港和馬來西亞的食客。其實麵碗裡洗不去的黑印記，已經透露了這裡的老麵館色彩，有些人不愛這裡不怎麼講究的環境和服務，但老好的道地麵，依然吸引著絡繹不絕的食客，就像……我。

推薦菜：

雪菜黃魚原汁煨麵
鴛鴦蟹粉拌麵
蘭桂坊大排骨

DATA

蘭桂坊酒家

地址：上海市婁山關路 417 號（近仙霞路）

電話：6274-0084

營業時間：11：00 ～ 21：00

Small Spice

日式咖哩讓人口耳相傳的好滋味

Small Spice 是最近十分紅火的咖哩屋，流傳在微信群之間的文章形容它是上海最酷的小店。老闆兼大廚 Hiro 桑原本是日商外派的上班族，愛上了上海的多姿多彩，選擇留下來開餐廳，換掉筆挺的西裝，穿上隨性的 T 恤，站在小小的爐臺前專注的備料、烹調。店的地點在繁華的新天地最邊界的淡水路上，左鄰右舍交錯著個性小店和破舊老鋪，賣著流行華服、藝品和現宰水蛙、板鴨，是條風情地貌新舊混雜的有趣街道。

　　延襲日本人專業、專精的態度，Small Spice 定位為咖哩專賣店，簡單的菜單上只有牛肉、豬肉、蔬菜三種口味的咖哩飯和蛋包飯，再來就是熱湯、沙拉、自釀水果酒等飲料。人氣雖旺，由於只有三張桌子、十三個位子，如果不是提早預訂是吃不到的，用餐過程持續有推門詢問的客人，各種國籍的人都有，想吃到的心情一樣熱切，卻因為一位難求而失望離開。老闆一邊做菜、一邊舉起受傷包紮的手致歉，因為飯是一份一份特製的，原本已經緩慢的出菜顯得更久了，服務員送來烏龍茶，說是老闆感謝我們的耐心等待，想在這裡用餐，急性子或趕時間的人請止步。

　　先上桌的自製酸菜，醃製的蔬菜非常爽脆、既鹹又酸，夠勁夠味；蔬菜沙拉裡除了有一般的生菜，還因為加入芹菜葉、酸豆，佐略酸的醬汁而別具風味。番茄蔬菜湯裡滿滿的什錦青蔬，熱乎乎的暖心暖胃。

　　終於盼到的牛肉咖哩蛋包飯分量十足，約有兩碗飯之多，拌著特殊的汁液和蔬菜丁，外面的蛋包選用特級蘭皇蛋，滑嫩爽口。咖哩醬是用多種蔬果、香料熬製三天，燉出層次豐富、香氣溫醇、微辣的綜合菁華。日本廚師近來講究創造自信之作的「隱之味」，在食物中偷偷注入美味的祕密調味，因此當 Hiro 桑聽到我吃出咖哩中有咖啡香氣時，十分驚喜。

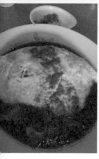

坦白說，Small Spice 的食物一點也不花俏，廚師長時間的烹調轉換成盤裡深棕色、無法辨識原始食材的咖哩醬料，一盤飯上也只盛了五、六塊牛肉。簡單卻美味的經驗讓食客持續口耳相傳。

老闆的中文不太輪轉，還好同行的好友 Megan 幫忙溝通，當我們關心老闆受傷的原因，他開玩笑的說是被女性友人咬傷，後來才提到是工作時把自己切傷了。從短暫的交談中，感覺他是個暖男型的廚師，默默的付出對料理的熱情，卻不浮誇的表現在菜色的排盤。如果時間允許一頓安靜而優閒的午餐，這裡的咖哩飯挺療癒的，到了晚餐時段，這裡同時也是提供自製水果酒、啤酒、葡萄酒的小酒館。

推薦菜：

雪菜黃魚原汁煨麵
鴛鴦蟹粉拌麵
蘭桂坊大排骨

♛
DATA

Small Spice

店家地址：盧灣區淡水路 250 號（近復興中路）
電話：5386-5035
營業時間：周一到周六 11：30 ～ 15：00
　　　　　晚上 17：30 ～ 22：00
貼心提醒：即使一個人用餐也最好電話預約，適合一個
　　　　　人到六個人以內的聚會。

PART 9

慢慢食

有機食

泰生農場

泰生農場、泰生廚房

穿越長江隧道做生態一日農夫
有機農法臺大林宗賢教授打造的自然生長農場

從上海出發大約一個半小時的車程,穿越狹長的上海長江隧道,眼前就是宛如世外桃源、
水潔風清的崇明島。環島大堤上綿延兩百多公里的綠樹,形成了壯麗的蒼鬱巨龍,護衛著
長江出海口。這些年,崇明島以「環保」與「生態」為藍圖建設,渴望擁抱大自然的旅人,
不僅能走進美麗的東平國家森林公園、崇明濕地;還可以在各具特色的有機農場、生態村
體驗農耕生活。

趁著中秋節假期，秋高氣爽的好天氣，我和高中同學兼鄰居 Megan 一家人造訪了泰生農場，體驗一日農夫的生活。重溫當時的照片，女士們重裝備，又是太陽眼鏡、大帽子，還塗上厚厚的防曬乳、防蚊液，「城市鄉巴佬」的氣質讓人不禁竊笑。

車子抵達占地七百三十畝的泰生農場，晴朗的天空蔚藍的像海洋，漫步園區的綠色隧道、溫室，滿眼都是觸手可得的「樹上熟」南瓜、小辣椒、茄子、番茄。大人跟小孩興奮的辨識著各種叫得出、叫不出名字的植物。有趣的是，原本期待的清新好空氣，意外的……隨風傳來陣陣「豬便便」的氣味。

出發前，我在農場的網站上看了一段簡介，裡面如是介紹：「我們有個瘋狂的構想，我們的飲食我們來掌握，我們的食物我們自己種，不用化肥、農藥，讓作物自然生長。」這樣的概念，在食安問題頻傳的環境下道盡了多少人的心聲。

泰生農場與泰生廚房、泰生中醫、養生度假村──太陽島泰生小鎮、新加坡學校，隸屬同一新加坡集團。聽女兒上新加坡學校的好友提到，當初選擇學校，部分考量是因為午餐是崇明島直送的有機菜和肉。據說從新加坡來到中國的集團創辦人陳先生，除了因為家族的養殖業背景，也為了給家人與員工安心的食、醫、住、行、育，因此擘畫了這幾大跨領域的事業。值得一提的是，由於陳先生曾在臺大就讀的緣故，特別力邀三位臺大園藝教授領軍規畫，打造了泰生農場。

經過一早的參觀，餐廳裡長桌上的健康火鍋已經在等待餵飽飢腸轆轆的我們。訴求「當季・當地・有機・營養」的泰生廚房，火鍋用透明的耐熱玻璃鍋以小火慢煮，少了電磁爐的電磁波，吃起來很放心。才從農場新鮮採摘的各色有機蔬菜，滿滿一大盤，用自然農法培植，棄基因改造和化學肥料的人為助力，嘗起來保有了原有天然的滋味。五花豬肉片，絲毫沒有豬騷味，且十分清甜，因為農

道法自然的泰生農法

![特別推薦]特別推薦

一日農夫後品嘗泰生廚房
現採食材鮮甜好滋味。

臺大林宗賢教授

小菜苗

場養殖的豬，環境衛生、寬敞，以有機食物餵養。食材的自然風味已足以，有機豬骨高湯不油膩也不添加人工調料。加上營養豐富的五穀飯、五種沾料、佐餐的醋飲和迷迭香水，連平常無肉不歡的男士們也滿意的摸著肚皮。

用餐時，我認出正準備走進辦公室的林宗賢教授。林教授擁有美國加州大學博士學位，是臺大園藝及景觀系名譽教授，在臺灣作育農業人才無數。他鄉遇故知，教授親切的陪伴我們一站站的參觀了有機蔬菜耕地與豬、蟹、羊、鴨養殖場，解說現代化的有機農耕技術。

長期在農林間曝曬，教授的肌膚黝黑得發亮，提到「道法自然」的「泰生農法」，眼神更是閃耀著光芒。農場相信人們要熱愛土地，如同熱愛自己的生命，因為土地是人類賴以生存的根本。我們在田埂的小角落看著一座像小路燈的裝置，教授說，防治蟲害不需要殺蟲劑，運用昆蟲的賀爾蒙來驅逐有害昆蟲就能達到效果。循著小徑和越來越濃厚的豬便便味道，教授推開一扇木門，寬敞的空地上，有一座座堆積如小山，由豬糞尿與乾植物桿製程的堆肥，這是為了降低廢棄物達到零排放、不造成環境汙染的科學方法之一。

上完珍貴而難忘的一堂農事科學講座之後，林教授親自送我們到農場最遠的那端，帶我們去認識農場的小可愛——白山羊，讓小朋友開心的拔草餵

食。在此我們揮別了林教授，彼此互道中秋佳節愉快。原本該是月圓人團圓的中秋，他仍在遙遠的崇明島默默耕耘著，希望不久的將來還能再次造訪這位知識淵博又可愛的農業達人。

旅程的尾聲是穿上雨鞋、戴斗笠，下田種菜去。孩子們在導覽員的帶領下，鬆土後將一株株小苗埋進土裡、灌溉，雖然無法親自收成，但這一趟歷程讓我們更加明白以尊重「天、地、人」為初衷，依循自然規律，順應萬物和諧共生的理念耕種與養殖，原來與農業發展是並行不悖的。

在上海這個城市的叢林裡，崇明島與泰生農場的存在，讓身心的洗滌與清靜並不遙遠。至今，我們仍然想念著那年中秋皎潔的明月和帶著太陽眼鏡很瀟灑的林教授……，偶爾也彷彿還能聞到養豬場獨特的氣味。

泰生廚房

DATA

泰生農場

地址：崇明縣北七效現代農業開發區

電話：3966-6039

貼心提醒：上海也能買到泰生農場的有機蔬菜與肉品、
　　　　　品嘗健康小火鍋

泰生廚房

地址：淮海西路 680 號新淮海坊一層

電話：5267-9988

營業時間：11：00 ～ 22：00

大蔬無界美素館

外灘上的「美素館」蔬食的五感饗宴

一位在上海經商十餘年的老大哥,每年都會專程飛往歐洲、亞洲各地享受米其林星級餐廳的頂級美食。我很好奇,他心目中最推薦的上海好料在哪裡?答案讓我有些意外,畢竟「素食」要和令老饕也買單的「美食」畫上等號,實在不容易想像。於是我來到了外灘上的「大蔬無界──美素館」。

滑著點菜用的 iPad,依據節氣而變化的菜色,都取了別出新裁的名字,搭配食材、料理方式的說明和圖片。

第一道上菜的是「陳麻婆換新衣」,名兒聽來有趣,紅辣椒小圖式代表的是川菜做法,更讓人期待。麻婆換了套什麼新衣?外脆內軟的老皮嫩肉豆腐,澆上了麻婆風味的紅色辣油,以脆綠的新鮮花椒粒點綴,吃的時候一塊豆腐、一匙辣油、一粒花椒,接著就是辣、麻、軟、香的味蕾衝擊。

大蔬無界的總經理宋先生來自臺灣,茹素多年也長期推動蔬食,在競爭激烈的上海餐飲業走著獨特的道路,訴求無國界的五感美素料理,把吃素這件事變得

陳麻婆換新衣

菌臨天下

海風

布蘭登堡的協奏

茶碗蒸

彩虹

大珠小珠落玉盤

綠女

時尚。「菌臨天下」又是道香辣的川味菜，看似辣子雞丁，實則為杏鮑菇、竹笙、芋頭丁、腰果，和用挖空的小洋芋蒸熟再填回的小圓球，以有機山茶油炸過，再以乾辣椒、紅綠雙色鮮辣椒圈、花椒調味而成。酥脆香辣的滋味，比真正的葷食版本更多了清爽的口感。

　　除了味覺，視覺之美也是特色。「大珠小珠落玉盤」綜合了鮮綠的甜豆、暗紅的人蔘果和米白的芡實，在潔白的方盤中蜿蜒成一道三色珍珠的綴鏈。口感清爽而糯，幾乎嘗不到多餘的調味，嘗到的是食物的原味，據說常食能保持活力青春。

　　餐後的甜點「彩虹」，是完全不使用人工色素製成的七色蛋糕，顏色來自紅椒、紫薯、甜菜根、菠菜、胡蘿蔔、觀音菜和季節蔬菜粹取原汁。坦白說風味並不若臺北那些精緻的法式甜點，但用天然的食材拼貼出的五顏六色，吃的安心多了。

　　我雖然不是素食者，但有了這樣的好料理，葷不葷其實已經不重要了。

👑
─DATA─

大蔬無界（外灘美素館）

地址：中山東二路外灘 22 號 4 樓／電話：021-63752818 ／營業時間：早上 10:00 ～晚上 10:00

大蔬無界（徐家匯公園館）

地址：天平路 392 號（近肇家濱路）／電話：3469-2857 ／營業時間：早上 11:00 ～晚上 10:00

Miss Ma

蔬彩馬卡龍的甜言蜜語

看見馬卡龍總讓我不覺哼唱起圓舞曲。一顆顆圓乎乎的馬卡龍，就像樂符，用繽紛柔美的色彩譜寫音調，以甜蜜、豐富多變的風味，在舌尖踏著輕盈曼妙的舞步。心情好、心情壞的時候，一盒馬卡龍加上一杯好茶，常常都能帶領心境過場，沈浸在片刻的愉悅。

雖然羨慕在臺北就能買到 Laduree 的幸福，吃的巧版主最近在上海發現的蔬彩馬卡龍專賣店——Miss Ma，也讓我感受到安心感十足的「蕩蕩的幸福」。由知名素食料理「大蔬無界」，在 2014 推出的甜點品牌 Miss Ma，延續了時尚蔬食的概念，主打蔬彩馬卡龍，訴求以各種時令蔬果，萃取天然蔬果汁替代人工色素，選用低糖、低油、低脂的食材及配方，做出無添加色素、防腐劑的甜點。

服務員送來八種顏色的馬卡龍，從顏色猜口味似乎不太容易。貌似草莓和檸檬的兩款被孩子們選走了，其實粉紅色是甜菜根杏仁餅夾海鹽堅果奶油，黃色的是胡蘿蔔夾白扁豆起司。

我的第一顆是朋友特別推薦的橙色，咬下時輕脆的杏仁餅瞬間融化，先嘗到淡淡的甜，然後是辣椒和紅椒交織的淺辣襲來，接棒的是檸檬微酸清新的內餡，甜、辣、酸的三重奏，雖是奇妙的組合，卻相互協調的很好。另外，薰衣草色是紫甘藍夾巧克力，綠色是菠菜夾小麥苗起司，白色是杏仁原味夾小麥苗，杏仁餅的蔬菜風味並不明顯，主要是上色的效果，主要基調是夾心奶油。不同季節還有當令時蔬的季節限定口味，像是芒果、木瓜、藍莓等等。

Miss Ma 的靈魂人物是在大蔬無界負責甜點多年的馬小姐，有個有趣的小名柒柒。因為和她交換了微信，發現柒柒換掉廚師制服後，是個愛騎單車旅行、愛寫作的文藝青年。而她研發出來的每一種顏色的馬

卡龍，都賦與了獨有的意義，好比嫩綠象徵生機、新生；橙色代表溫暖歡樂；淺紫寓意高貴、魅力。顧客可以訂製會說話的馬卡龍，從八種顏色和六種夾心，自由組合搭配。售價和平時購買一樣都是每個人民幣 $12。

　　Miss Ma 的地點位在上海陸家嘴最熱門的觀光景點──環球金融中心，也有人暱稱它為開瓶器大樓，在第 100 層樓有全球最高的懸空觀光長廊，每天都有來自世界各地的旅客前來俯瞰上海的景色。也因此小小的店門外，經常圍繞著觀光客，用各式各樣的語言詢問購買。

　　儘管蔬食馬卡龍和我熟悉的法式風格有些不同，但無添加物，冷藏只能保存三天的特色，卻很吸引人。就像圓舞曲和田園交響曲，同樣都有打動人心的韻律與魅力。

DATA

Miss Ma

地址：世紀大道 100 號環球金融中心 3 樓 310 室

電話：68777726

營業時間：早上 10:00 ～晚上 9:00

PART 10

想念

臺灣味

鼎泰豐

想念原汁原味的鼎泰豐小籠包與五星級服務

在上海，鼎泰豐可能是我最常吃的一家餐廳，三年來光顧的次數遠超過在臺灣住的時間。

在這吃飯，讓人有種可以安心享受美食的輕鬆感，再者是身邊的日本、韓國朋友都對這的

小籠包情有獨鍾，為了推廣臺灣之美，「小籠包外交」是個賓主盡歡的好方法。

今年的母親節沒能回家，我在上海的飯咖─嗨森幫姊妹會的成員們，心心念念著老家，決定聚在一起吃頓臺灣味的飯。才剛開幕的虹橋地區新地標 LA venue 尚嘉中心，頂著 LVMH 集團的光環，集結 LVMH 旗下所有品牌和眾多知名奢侈品牌，吸引不少人潮。在這兒的鼎泰豐用餐，可以先來個半小時的 Window shopping 暖身開胃，順道還能挑選母親節禮物。

母親節大餐由好友 Nancy 作東，很「澎派」的點了三款小籠包，分別是「豬肉」、「黑松露豬肉」、「蟹粉」；特色小炒「清炒河蝦仁」、「酒香腐竹菠菜」；麵點飯類「紅油抄手」、「鮮肉粽子」、「紅燒牛肉麵」、「糯肉燒賣」、「臺灣擔擔麵」、「排骨蛋炒飯」，甜點則有「荔芋小籠包」、「栗子豆沙小籠包」、「赤豆鬆糕」、「八寶飯」、「酒釀芝麻湯圓」、「荔芋西米露」、「杏仁豆腐」。幾乎把菜單上所有精選的菜色都點上了。

從前上鼎泰豐，習慣性的專點幾道熟悉菜色，這次的嘗鮮讓我發現，當流著上海菜血統的臺灣鼎泰豐遇見中國食材所擦出的美味火花。

大夥最期待的小籠包冒著蒸氣上桌了。當蒸籠蓋子才要掀起時，撲鼻的香氣已經預告了「黑松露豬肉小籠包」的登場，薄如紙的麵皮隱隱透著黑松露的身影，一口咬下，柔和甜美的豬肉餡湯汁與松露迸出難以言喻的美好滋味。第二道是用陽澄湖嚴選大閘蟹新鮮現拆的蟹肉、蟹黃、蟹膏製作而成的「蟹粉小籠包」，飽

推薦菜：

黑松露豬肉小籠包
蟹粉小籠包
酒香腐竹菠菜
菠菜糯肉燒賣

飽的湯汁，色澤金黃油亮，甘甜鮮味十足。

蟹的甜味還意猶未盡，「清炒河蝦仁」也端來了，顆顆飽滿圓潤，因為新鮮而彈牙鮮甜。第一次吃到的「酒香腐竹菠菜」，讓人驚豔，由於大陸品種的菠菜個頭較小較嫩，爆炒時以黃酒提味，再以腐竹的軟嫩來襯菠菜的青脆，不只醇厚的風味獨特，還有暖胃助消化的效果。

我聽店員說「紅油抄手」雖是道四川料理，卻是鼎泰豐 Top 3 的熱門料理，恰到好處的麻辣酸香，連嗜辣指數較高的大陸顧客也很買單。還有「糯肉燒賣」頂端的開口捏塑的像朵盛開的花，星星的糯米粒則像點點花蕊，好看又好吃。

雖然吃完鹹點，已經飽到不行，但甜點胃還是有的。切開荔芋小籠包時，紫色芋泥淡雅的香氣飄散，當年在廣西初嘗荔浦芋頭的驚喜重現，綿密細緻的口感好吃極了，其餘的幾道甜品同樣吃的到用心烹調的滋味。

　　除了吃飯，在這還有兩件有趣的事情能做。其一是瀏覽畫滿四周牆面上那些曾經來此用餐的明星肖像，從好萊塢、中國、香港和臺灣的巨星都有，雖然並未署名，但因為栩栩如生，邊看還能測試自己的娛樂 IQ。再來就是到玻璃窗前看廚房製作小籠包的過程，當天幾位金髮碧眼的老外正在用手機拍攝著，我見他們盯著小籠包上的折子數了十八下，看來鼎泰豐小籠包的模樣連外國人也不陌生。

　　餐廳門口掛著 1993 年紐約時報評選為世界十大美食的報導，服務人員一字排開微微彎腰喊著歡迎光臨，穿梭桌間的服務員笑容可掬、禮貌周到，離去時朋友的手機遺落在桌上，服務員追了出來物歸原主。聽說鼎泰豐為了服務品質，人員至少要培訓一個月才能在外場服務，雖然口音有些不同，但每每來這就能感受到令人想念的臺灣待客之道。這或許也是消費者心甘情願排長隊的原因之一吧！

♛ *DATA*

鼎泰豐尚嘉中心店

地址：上海市仙霞路 99 號尚嘉中心 3 樓 311 單位

電話：6040-7818

營業時間：早上 10:30 ～晚上 10:00

千秋膳房
難忘家鄉味外送到家的臺灣家常菜

臺灣朋友中，家家都有一張千秋膳房的外送點菜單。阿姨放假、飄雨下雪的日子，或單純出於想念家鄉菜的時候，撥通電話，就能用熱騰騰的臺灣菜飽餐一頓，解餓更解鄉愁。Do-rei-mi 公主喜歡清燉牛肉麵、炒飯、大餅捲牛肉，我偏愛古早味排骨飯、割包和芋頭米粉，Mr. D 常點五更腸旺、客家小炒。從小菜、麵飯點心、肉類海鮮熱炒到湯羹，都是道地的臺灣口味。

前陣子因為于美人在上海號召一群企業共同發起公益蛋糕活動，愛飯團團長 Cindy 也特別飛來助陣。那晚 Cindy 在 Facebook 貼文放閃，提及在公益活動的參與企業——千秋膳房吃到了一道私房菜——苔條小方，美味得令人幸福感十足，想要轉圈圈撒花。

苔條小方

豆沙鍋餅

油燜蘑菇

古早味排骨飯

　　吃了這麼多年，還不知道千秋膳房原來有隱藏版菜單，約了林杰民董事長、老闆娘瑢瑢，在古北店品嘗私房辦桌菜。

　　千秋的總鋪師趙立彬，雖然這幾年來燒的都是臺灣菜，私底下，他還是個家學淵博的本幫菜大廚，錦囊裡藏了不少傳承自家鄉的私房老菜，「苔條小方」正是道浙江的傳統菜餚。

　　一塊塊小巧方正的紅燒肉十分誘人，用濃汁慢燒後，在燈光映照下散發著油亮的光澤，一口咬下是三層豐富的口感，外皮彈Q、肥肉酥糯、入口即化，瘦肉甜而有嚼勁，搭配手切的油炸海苔末拌白芝麻，鹹酥香脆的苔條平衡了五花肉的油膩感，嘟嘟好的鹹、甜、香達陣。終於，我也能領略團長想要轉圈圈撒花的心情了。

　　餐桌上，我和林董夫婦聊到了舉家移居上海的歷程。來滬二十多年的林董，出身高雄餐廳世家，從小跟在辦宴會大菜的母親身邊耳濡目染。雖然大學念的是醫學院，主修藥劑，還和當時的班對，同為藥劑師的瑢瑢結了婚，後來還是一腳踏進了餐飲業。2001年創立第一家餐廳，直到2014年千秋膳房在上海已經開出了十二家店，每個月都能賣出上萬碗的牛肉麵、五萬杯的米漿。

　　林董說，為了複製原汁原味的「逮丸味」，最大的挑戰就是找出上海買不到的食材、配料。

　　這個任務沒有Magic，靠的是「逮丸郎」一步一腳印的韌性。像是有臺式牛

每天製作的米漿

推薦菜：

月銷萬碗的臺式牛肉麵
苔條小方
飄香魚

肉麵不可或缺的臺灣味豆瓣醬、筋度寬度恰好的麵條，就花了他很長的時間，一家一家的拜訪、試吃，才找到能配合的廠商特製。至於買不到的就由店裡自製，拿圓圓一盒看起來很像臺鐵便當的「古早味排骨飯」來說，有了排骨、滷蛋、滷肉飯汁外，小配角──酸菜沒人會做，就得請師傅每天經過泡水、水煮、熱炒等繁複的步驟製作，還有刈包裡的花生粉，當天現磨現煮的五穀雜糧米漿，小細節都深藏著用心。

　　從早期的臺灣客層為主，到現在，店裡的上海、日韓、外籍客人已高達九成，菜單除了臺灣菜也融合了本幫菜、川菜。為了服務客人更多元化的需求，也開始提供特定店家的私房菜預約。

　　主廚今天特製的創意川菜「飄香魚」，將魚開片酥炸，以紅綠辣椒、蔥蒜調味，還沒上桌就傳來了陣陣香氣。本幫名菜「油爆蝦」炸得酥透，不需去殼就能美美的大快朵頤。配上招牌的大餅捲牛肉、紅燒牛肉麵。這頓臺菜、本幫菜、川菜合璧的饗宴，豐富又美味。

　　我和幾個住得近的臺灣好朋友曾經開玩笑的說，家裡有挑嘴的老公和小孩，選住的地方，最好在千秋膳房外送的範圍。習慣外食的臺灣人，在巷子口、社區旁大概都有那麼一家餐廳，不盡然是一等一的美味，卻是令人安心的後廚房。就像千秋，在上海的許多臺灣人心目中那樣。

DATA

千秋膳房

店家地址：水城南路 17 號（近黃金城道）／電話：6270-1172，6270-1173／營業時間：早上 9:00 ～晚上 9:00／貼心提醒：菜單不定期更換，每兩三個月會推出幾道新料理，叫外賣時，記得請索取最新菜單。

阿胖魯肉飯

滷味、熱炒、現撈海鮮原汁原味的家鄉味

Mr. D 說：「家鄉味，能給我力量。」
簡單一碗熱騰騰的魯肉飯、擔仔麵，奢
侈一些，再加上幾盤熱炒。「呷飽啊」
就能繼續再拚鬥。

現撈海鮮

菜圃蛋與黑松沙士

「阿胖滷肉飯」是移居上海八年的好友立安特別推薦的。做的事業，明明是潮得不的了的彩妝師和電影廣告製片，但立安是愛「逮丸」愛到骨子裡的那一型，連生日那天，也指明要選賣滷肉飯的小館子。好幾次，她都計畫帶我去嘗嘗這家移居上海的臺灣廣告、傳播人特愛的臺菜餐廳。礙於距離的關係，遲遲未能成行，從家裡開車到七寶，大約要接近半小時的車程。今天恰好到金匯辦事，沿著吳中路再走十分鐘就到了。

走著走著才發現，爸媽 1995 年定居上海的住處，就在阿胖轉個彎就到的小區裡。

二十年前，我第一次到上海。爸媽剛搬進了七寶的新家。七寶鄰近虹橋機場，是許多第一代臺商的落腳地。附近的臺商家庭感情都很融洽，往來也密切，周末老媽經常辦桌請客，燒幾道手路菜加上大鍋滷肉、滷白菜、炒米粉，一時林太太總鋪師的名聲遠播，臺商們的大聚會，老媽還應邀掌廚。在我們正式搬到上海的前一年，老爸退休回臺養老。充滿了許多美好回憶的七寶這一帶，我已經許久不曾來過。

吳中路上到處都是販賣臺灣食品、雜貨的柑仔店和臺菜餐廳，「阿胖魯肉飯」幾個胖呼呼的招牌字體顯得很醒目。店面寬敞，裝潢質樸，門口擺著投幣的兒童搖搖車，還設了可以試飲臺灣高山茶的喝茶區。環顧四周，低矮的木桌竹椅，竹片紅磚裝飾的開放式廚房，寫著價目表的海鮮現撈區，喇叭放送著黃乙玲的〈車站〉、陳雷的〈風正透〉，一首又一首的臺語老歌，都是再熟悉不過的旋律、歌詞，我們偷偷的跟著哼了起來，時光彷彿走入臺灣的古早時代，兩人相視而笑，「好臺喔，這裡。」

飲料櫃裡冰鎮著黑松沙士、愛之味芭樂汁、黑面蔡楊桃汁。這裡除了賣吃的，

貨架上擺著臺灣拜拜必備的金紙、長一輩愛用的蒂可潔牙粉、張國洲強胃散和許多我從小用到大的老牌子。人，能搬離家鄉，卻改不掉熟悉的一切。

在上海試過不少臺菜，阿胖的臺式小吃、熱炒絕對是數一數二的地道。魯肉飯用了肥瘦參半的五花肉，肉嫩汁濃，微微的膠質和豬油讓每粒米飯都有滋有味。擔仔麵用的是彈牙的油麵，湯頭就像我萬華老家的切仔麵攤一樣鮮口，有肉燥、銀芽、韭菜、蝦和滷蛋。三杯中卷、紅糟肉、滷白菜、豬腳、香腸，都是原汁原味。愛吃臺菜的人，常常在上海到處踩雷，來阿胖，總不教人失望。

担仔麵

吃到一半，店員奉上臺灣阿里山烏龍茶，茶色、茶香都好。她說老闆來自南投，做的是南部料理。

端午節將至，店裡到處閒掛著黃褐色粽葉包的臺灣粽。突然好想家，好想念每年和媽媽一起包粽子的日子。今年的端午，回不了家，還好，我能在阿胖，用肉粽、滷肉飯，解解鄉愁。

推薦菜：

三杯中卷
紅糟肉
滷白菜
豬腳
香腸
臺灣阿里山烏龍茶

DATA

阿胖滷肉飯

店家地址：吳中路 2599 號（近吳寶路）

電話：6419-6183，6419-4179

營業時間：早上 10:30 ～晚上 10:00

餐廳還兼賣臺灣人的日用品

順月軒

臺南奶奶遵循古法手做包的南部粽、油飯、冬瓜茶

2014 年的秋天，第一次經過順月軒，店才剛開幕，店員就坐在一扇不大的窗戶裡，帶著笑容向外招呼著。門口裝潢風格古典簡樸，還以為是日本人開的和果子屋。

　　走進一瞧，床邊的玻璃櫥櫃裡擺著愛之味甜辣醬、臺南義豐冬瓜茶磚、臺灣製造櫻花蝦呢！老闆娘——臺南來的李奶奶剛在樓上忙完包粽子，天氣好熱，看我坐在門口喝冬瓜茶納涼，就坐下來和我聊了半個多小時。

　　李奶奶和先生在上海經營工廠多年，兩老退休後，留美的兒子說想開間有家鄉味的小店。「順月軒」這個名字，是兒子取爺爺奶奶名字而命名的，想念臺南老家、思念故鄉長輩的情感，都想寄託在個有濃濃臺南味的鋪子裡。

　　雖然賣的是十幾、二十來塊的飲料和食品，李奶奶夫妻還是依循著管理經營

工廠的規格來做事。食材選有機，櫻花蝦、黑糖、冬瓜磚、甜辣醬堅持用臺灣進口的牌子，連包裝肉粽的小提盒、油飯的圓盒都精心設計。環保提袋最可愛了，上頭寫著「童叟無欺」，一語道出了消費者心目中最關切的食品安全問題。

先說說 Do-rei-mi 最喜歡的「珍珠丸子」。一份六顆，豬肉餡選的是毫無豬臭味的肉，肥瘦比例很好，拌入香菇、荸薺丁、薑末、胡椒，豐富口感層次。一口一個，糯米香Q、丸子鮮嫩，還附上臺灣醬油膏，是每個禮拜五她指定的周末加菜。

「櫻花蝦干貝油飯」則是我大熱天食欲不振，經常叫外送的一人食午餐。醬油色澤較深，用了屏東東港櫻花蝦和干貝提香，糯米顆顆分明帶嚼勁，散發著噴香的氣味，淋上愛之味甜辣醬，對於糯米控而言，十分滿足。胃口開了，「黑糖桂圓米糕」就當飯後甜點，用米酒浸泡過的龍眼乾，和臺灣黑糖調味的糯米，蒸好之後ＱＱ的，甜而不膩，再配

上一杯沁心涼的「義豐冬瓜茶」，暑意全消。

　　每一道小點心都選用了來自臺灣的食材，誠心誠意的端出了臺灣媽媽的味道。不只臺灣人，連日本、韓國客人也在口耳相傳下成了店裡的常客。Do-rei-mi 的七歲生日派對，就安排了順月軒的臺式小點、飲料外燴，小女孩和媽媽們開心的嘗著熱呼呼的南部粽和油飯，臺灣人的派對，有臺灣味才好。

　　端午節將至，順月軒推出了肉粽禮盒。店裡已不見李奶奶的身影，只有李爺爺往來穿梭廚房和店裡，他說「奶奶堅持自己包粽確保品質，一天只能交貨幾十顆」，拜託訂貨要趁早，話裡盡是對老婆的不捨。這對當過大老闆的可愛老夫妻，如今守著一家小店，也守著彼此，彷彿盈利不是重點，「他們是來交朋友的」。每次去，爺爺奶奶都會親切的請杯冬瓜茶，用臺語，話話家常。異鄉的人情味，讓順月軒更有滋味。

DATA

順月軒

店家地址：榮華西道 99 弄 11-3 號（古北萬科廣場）

2015 年改為網路及電話預訂 136-2163-6332

推薦菜：

櫻花蝦干貝油飯

珍珠丸子

黑糖桂圓米糕

進口食材哪裡買？

Green&Safe

有機食材與美味 Deli

由永豐餘集團所經營。東平路上最熱鬧的一處門店，一樓銷售集團栽培的有機蔬菜、養殖的肉品，天和海鮮，進口的米糧、義大利麵、堅果、調味料、酒，新鮮烘焙的麵包、蛋糕、甜點，周末早晨，我們經常在 Deli 區買份色彩繽紛的沙拉、低溫烘烤的烤雞、烤牛肉，還有特色的臺灣烏魚子義大利麵、辣到流淚的打拋豬肉飯，就是簡單美味的 Brunch。二樓是氣氛輕鬆的餐廳，適合聚餐。

地址：東平路 6 號（近衡山路）

飛蛋超市

進口食材與食品

義大利人經營的超市，取了「飛蛋」的名字很古錐，象徵用一顆會飛的蛋，將外國的好味道搬運到上海。收銀臺前總是排滿了來買家鄉味的歪果仁，洋芋片、巧克力、糖果等零食，各種義大利麵條和調味料，起司、果醬和奶製品還有部分家庭用品。

地址：安福路 158 號（近烏魯木齊中路）

紅峰食品行

西餐常用蔬果與食材

烏魯木齊路上經常有大量穿著夾腳拖、騎單車的老外穿梭，他們都衝著兩個道地上海姊妹花開的雜貨店而來，老外暱稱他們做「Avocado Lady」。除了酪梨，這裡還有許多傳統市場所沒有的西餐料理必備的食材、香草與香料，季節性的白蘆筍、節瓜、櫻桃番茄、甜蘿勒、椰棗、奶油、起司和堅果、果乾。曾經老闆娘將葡萄酒胡亂堆在店中央，經常見洋朋友蹲在地上挖寶，還好最近酒瓶都上架了，買酒不用考驗膝蓋了。Avocado lady 是我那些喜歡做菜的外國捧油，每周必走一趟的採購地。

地址：烏魯木齊中路 274 號（近五原路）

海富便利店

上海最齊全的啤酒專賣店

一位經營啤酒進口生意的比利時好友推薦了海富給我，非常小的一家店卻聚集了全上海最多進口啤酒品牌，包括許多各國知名暢銷精釀啤酒（Craft Beer），夏季 24 小時營業，天熱的時候可以從冰箱裡直接選購在店裡的小桌暢飲。老闆娘十分熱

情，啤酒知識豐富，啤酒控不妨來此尋寶與交流。

地址：法華鎮路 475 號

新鮮館

日本太太生活不可或缺的超市

女兒在日本人學校念幼兒園時，媽媽友們推薦了新鮮館超市。熟食區的便當、壽司、炸雞塊是熱銷品，日本原裝進口的米糧、麵食、調味料、冷凍食品、零食、飲料，種類繁多。

地址：金城道 925-935 1 樓

超市

買菜不必提菜籃的韓國超市

分辨日本和韓國太太很容易，韓國太太買菜時並不像日本太太自備購物袋，買完雙手空空繼續出門逛街，因為韓國超市──1004 提供指定時間與地點的送貨服務。韓國超市和咖啡廳一樣，都是以「大規模」取勝，蔬菜、水果、鮮肉、海產種類多且量大，尤其是韓國水梨經常特價非常划算，我家裡常備在這購買的泡菜、年糕、冷凍大餃子，韓國進口的辣椒、大醬、米麵，熱門的零食、海苔齊全，店裡還有現爆的大米餅。

地址：虹泉路 1078（近虹泉路銀亭路）

佳思多食品料理超市

臺灣食品專賣店

臺灣人離不開臺灣米、臺灣醬油，還好上海有佳思多，進口齊全的食材和生活用品，蔬果、肉品、海鮮都很新鮮，臺灣媽媽常買冷凍食品像是煎餃、肉圓、刈包、肉粽，忙碌的時候，簡單加熱就多了一道菜。每隔一段時間，我們全家會到這裡補充臺灣味，女兒愛吃的乖乖、張君雅，老公吃稀飯要配的愛之味。餐飲部提供滷肉飯、炒米粉、魷魚羹麵等臺灣小吃。

地址：紅松路 148 B 座（近金匯路）

愛芬樂 Amphora

希臘食品專賣店

藍白相間的美麗小鋪子，散發濃濃歐洲風味的雜貨店。專賣希臘進口食品，由希臘老闆親自挑選進口的橄欖油、蜂蜜、餅乾、糖果、葡萄酒、罐頭，還有濃郁的希臘優格與起司。店裡經常有各種商品促銷，值得前往尋寶。

地址：長樂路 611 號（近富民路）

附錄二

宅美食：外送、外燴、網購

餓了懶得出門：外送 APP

Sherpas

由美國人所經營的美食外送，是上海最早的一家。最大特色是厚厚一本的中英文對照外送書，中外料理均配合較適合白領階級以上的餐廳，是許多外籍人士在上海生活不可或缺的服務。輸入住家街道，選擇餐廳、菜色，約四十五分鐘即能送餐到家。送餐費用依距離從人民幣 $15 起跳，距離遠外送費較高、快遞時間也較長。

官方網站：www.sherpa.com.cn
電話：6209-6209

辦趴不用開伙：外燴 APP

最近許多朋友的暖房趴都開始透過 APP 找廚師上門料理，女主人不需要帶著油煙味，輕鬆優閒招呼客人。

好廚師

最近熱門的私家廚網路平臺，透過手機、網站、客服電話預約專業認證廚師上門料理，可按照川、湘、魯、粵、本幫、東北菜六大菜系，以及顧客評價選擇廚師。
食材和調味料可以自備，或委由廚師免費代購。菜餚可透過客服與廚師溝通或點選套餐。廚師抵達時會出示健康證，自備工具包及廚師服帽、口罩、手套。經過嚴格的身分認證。燒飯之後，廚師會收拾並帶走廚餘。

廚師料理費用：四菜一湯 $79、六菜一湯料理費用 $99、八菜一湯 $169。食材費視菜餚而異。
官方網站：www.chushi007.com
手機 APP：好廚師
客服電話：400-6789-953

海底撈

天涼之後，預定海底撈外賣火鍋烘趴變得強強滾，在全中國共有一百多家門店的四川火鍋，從午餐到消夜都可預約火鍋送到家服務。透過網路、手機可依據人數選擇套餐，自行搭配鍋底、葷料、素料、特色菜、酒水及沾料，還可以預約專人到場服務。
送餐時，服務員會提供火鍋、電磁爐、延長線、一次性桌布、圍裙、垃圾桶、垃圾袋、紙巾。火鍋料都以盒裝或袋裝，並附送小菜及水果。用餐後，服務員會於約定時間收走上述用品並處理垃圾。

送餐時間：11:30 ～ 23:00
官方網站：www.haidilao.com
手機 APP：海底撈

買菜不必上街：網購 O2O

甫田網

甫田網是我和許多臺灣朋友們經常購買生鮮與熟食的網站，訴求有機與安全，品項選擇多、品質也算穩定，有許多各國進口食材。

品項包括，肉類、有機時蔬、水果、海鮮、乳品、糧油雜貨、飲料酒水，熟食有西點麵包、大廚熟食、母嬰、家庭用品等。

官方網站：www.fieldschina.com
手機 APP：甫田網
上海地區下午五點以前下單，當天可以配送到達。

壹桌

邀請多位知名美食家、知名廚師與廚藝達人，如管家、歐陽應霽、陳薇等，針對不同食材的特性設計適合家庭食用的食譜，標註難易度、適合人數、準備和烹飪時間，最方便的是食譜中的食材、調味料都可以直接點選購買。

銷售的食品類別包含，肉類禽蛋、海鮮、水果、蔬菜、奶製品、飲料和酒、糧油雜貨、零食、冷凍美食。與國內外農貿局、農業署、食品協會合作，精選優質、安心的食材與食物。全程冷鏈配送。

官方網站：www.tablelife.com
手機 APP：壹桌
上海地區可以當天配送，當天下午兩點前下單，晚上六點到九點即能收到商品。

一號店

一號店讓主婦生活輕鬆許多，訴求一站式網購體驗，不出家門、不出國門，即能買到全國及世界各地的商品和服務，省力、省錢、省時間。

一號店銷售商品包含：食品飲料、生鮮、進口食品、酒水、美容化妝、個人護理、服飾鞋靴、廚衛清潔、母嬰用品、手機數碼、家居家紡、家用電器、保健用品、箱包珠寶、運動用品及禮品卡等超過 800 萬種商品。

官方網站：www.yhd.com
手機 APP：一號店
貨物快遞可指定時間或由一號店送貨員配訂配

送時間，網路提供物流查詢。

Cityshop

擁有十家實體超市的 Cityshop，是我們週末常購買一週食物的地方。銷售的商品達2.4萬多種，其中80％以上為國外進口商品，是上海目前規模最大的一家專業經營進口食品、日用品的超市，尤以乳製品、肉製品、洋酒、西式調料、巧克力糖果和有機蔬菜為特色。

超市自己經營農場，栽培各種時令蔬菜，網路可選購「蔬菜家庭包」，綜合各種蔬菜，約可提供家庭一周所需。各種超市自製的麵包和點心選擇多、口味佳。

官方網站：www.cityshop.com.cn
上海地區下午兩點前下單，當天配送。

飛牛網

大潤發的網路大超市，商品包含生鮮、飲料、食品、酒水、臺灣精品、進口食品、手機數位商品、家用電器、家庭清潔、廚衛清潔、家居家紡、服飾鞋靴、美容化妝、個人護理、文具圖書、母嬰玩具、寵物商品。

官方網站：www.feiniu.com

手機 APP：飛牛網
省錢大作戰可以關注每天、每周的秒殺特賣會和團購優惠。

歐耕尼克

來自臺灣的團隊所經營的歐耕尼克，農場位於昆山生態水源保護區，訴求自製有機肥，不使用化學肥料和農藥、激素，維護土壤的健康，種出健康、符合季節的農作物。

官方網站：www.ofamily365.com
訂購後每周固定一次配送。

甜派

上海規模最大的蛋糕手機訂購網，集結宜芝多、諾心、MCAKE、夏朵等八十多家人氣蛋糕品牌，近一千款各式蛋糕。透過手機選購、比較，並可參考限時優惠訂購。

官方網站：www.tappal.com
手機 APP：甜派

餓了麼

「餓了麼」提供周邊美食外賣，利用手機24小時搜尋周邊外賣的美食，訂購及查詢外賣的狀態，在清早與深夜也可以預定

早餐、消夜、鮮花蛋糕，還能連結超市、
便利商店購買生鮮水果及日用品。

省錢大作戰，請多留意「新店特惠」和不
定期折扣能節省點餐費用，注意點餐時有
「抵」和「減」字的說明內容。

起送費及配送費各商家不同，實際收費請
參考 APP 網頁。部分商家提供保證送達
時間的服務，也要注意避開高峰時期點
餐。

手機 APP：餓了麼
微信：餓了嗎網上訂餐（elemeorder）
客服電話：1010-5757

美食優惠情報哪裡找？

媒體	特色介紹	媒體	加入方式
大眾點評	**大眾點評** 大眾點評為消費者提供值得信賴的本地商家、消費評價和優惠資訊，及團購、預約預訂、外送、電子會員卡等O2O閉環交易服務，覆蓋了餐飲、電影、酒店、休閒娛樂、美業、結婚親子、家裝等幾乎所有本地生活服務行業	網站 www.dianping.com APP：大眾點評	以 email 信箱或手機號碼免費註冊加入會員 VIP 卡。 登錄會員享優惠，團購券優惠。
Dining City 鼎食聚	**上海美食週** DiningCity 所舉辦的「餐廳周」，是上海的美食愛好者引頸期待的活動，參與活動的餐廳會提供獨特與超值的菜肴。每年舉辦兩次為期十一天的美食盛宴，近三百家餐廳，以優惠價格提供三道菜的套餐每食。 線上餐廳指南 透過選擇餐廳、地區、聚餐的性質、菜系和價位來預訂餐廳。各家餐廳不定期提供各種優惠、禮遇	餐廳周網址： www.restaurantweek.cn/lang/zh 鼎食聚網址：http://www.diningcity.cn/zh/shanghai/\ WeChat ID：DiningCity_China	以 email 信箱或手機號碼免費註冊加入會員。

Shanghai WOW 上海沃畫報	鎖定高端的上海生活指南，報導最新餐廳、酒吧、美食、娛樂、購物訊息。在手機免費下載 Shanghai WOW VIP 卡，可在餐廳獲得許多優惠與折扣。	網站：www.shanghaiwow.com App: Shanghai WOW! Travel We Chat ID: SHWOWMAG	透過網站即可以 email 免費申請加入會員。App 免費下載，可以 email 申請加入會員。
Smart Shanghai 時髦上海	報導上海各項生活資訊，包括最新餐飲、活動、夜生活、租屋、交友訊息的全英文媒體	網站：www.smartshanghai.com App: smartshanghai.com We Chat ID: shimaosh	透過網站即可以 email 免費申請加入會員 App 下載，收費人民幣 NT$60。

上海美食80選

貴婦美食達人Peggy（林佩蓁）上海的華麗探險

作　　者／Peggy（林佩蓁）
封面設計／申朗創意
企畫選書人／賈俊國

總 編 輯／賈俊國
副總編輯／蘇士尹
行銷企畫／張莉滎・廖可筠

發 行 人／何飛鵬
出　　版／布克文化出版事業部
　　　　　臺北市中山區民生東路二段 141 號 8 樓
　　　　　電話：(02)2500-7008　傳真：(02)2502-7676
　　　　　Email：sbooker.service@cite.com.tw
發　　行／英屬蓋曼群島商家庭傳媒股份有限公司城邦分公司
　　　　　臺北市中山區民生東路二段 141 號 2 樓
　　　　　書虫客服服務專線：(02)2500-7718；2500-7719
　　　　　24 小時傳真專線：(02)2500-1990；2500-1991
　　　　　劃撥帳號：19863813；戶名：書虫股份有限公司
　　　　　讀者服務信箱：service@readingclub.com.tw
香港發行所／城邦（香港）出版集團有限公司
　　　　　香港灣仔駱克道 193 號東超商業中心 1 樓
　　　　　電話：+852-2508-6231 傳真：+852-2578-9337
　　　　　Email：hkcite@biznetvigator.com
馬新發行所／城邦（馬新）出版集團 Cité (M) Sdn. Bhd.
　　　　　41, Jalan Radin Anum, Bandar Baru Sri Petaling,
　　　　　57000 Kuala Lumpur, Malaysia
　　　　　電話：+603- 9057-8822 傳真：+603- 9057-6622
　　　　　Email：cite@cite.com.my
印　　刷／卡樂彩色製版印刷有限公司
初　　版／2016 年（民 105）02 月
售　　價／380 元

城邦讀書花園　**布克文化**
www.cite.com.tw　WWW.SBOOKER.COM.TW